After Effects CC

CC 中文全彩铂金版
案例教程

张凯雷　李卓　龚启明 / 主编

李欣洋　王雪 / 副主编

U0244088

中国青年出版社　CHINA YOUTH PRESS　中青雄狮

图书在版编目（CIP）数据

After Effects CC中文全彩铂金版案例教程/张凯雷,李卓,龚启明主编.
— 北京: 中国青年出版社,2018.2
ISBN 978-7-5153-4985-5

I.①A… II.①张… ②李… ③龚… III.①图象处理软件-教材
IV.①TP391.413

中国版本图书馆CIP数据核字（2017）第271545号

策划编辑　张　鹏
责任编辑　张　军
封面设计　彭　涛

After Effects CC中文全彩铂金版案例教程

张凯雷　李卓　龚启明 / 主编
李欣洋　王雪 / 副主编

出版发行：	中国青年出版社
地　　址：	北京市东四十二条21号
邮政编码：	100708
电　　话：	（010）50856188／50856199
传　　真：	（010）50856111
企　　划：	北京中青雄狮数码传媒科技有限公司
印　　刷：	湖南天闻新华印务有限公司
开　　本：	787 x 1092　1/16
印　　张：	12.5
版　　次：	2018年5月北京第1版
印　　次：	2018年5月第1次印刷
书　　号：	ISBN 978-7-5153-4985-5
定　　价：	69.90元（附赠1DVD，含语音视频教学+案例素材文件+PPT电子课件+海量实用资源）

本书如有印装质量等问题，请与本社联系　　电话：（010）50856188／50856199
读者来信：reader@cypmedia.com　　投稿邮箱：author@cypmedia.com
如有其他问题请访问我们的网站：http://www.cypmedia.com

Preface 前言

首先，感谢您选择并阅读本书。

软件简介

在影视后期行业飞速发展的今天，随着现代PC技术的发展和图像处理技术的不断升级，数字合成技术得到了日益广泛的应用，After Effects作为一款专业的影视后期合成软件，在世界范围内受到了视频爱好者的追捧。其凭借功能强大、简单易学、操作便捷以及广泛的格式支持等众多优点，深受视频特效爱好者和影视后期设计师的喜爱。目前After Effects广泛地应用于电视栏目包装、影视制作、广告设计、视频编辑、特效制作等各种行业，成为进行视频特效处理必不可少的专业工具。

内容提要

本书从实用性角度出发，以理论知识结合实际案例操作的方式编写，分为基础知识和综合案例两个部分。

基础知识部分以"功能解析→实例操作→知识拓展→上机实训→课后练习"形式介绍软件的功能，并根据所讲解内容的重要程度和使用频率，以具体案例拓展读者的实际操作能力，真正做到所学即所用。每章内容学习完成后，还会以"上机实训"的形式来对本章所学内容进行综合应用，然后通过课后练习内容的设计，使读者对所学知识进行巩固加深。

综合案例的选取，是根据After Effects软件在行业内的应用方向，并结合实际工作中的具体应用，有针对性、代表性和侧重点进行选择。通过对这些实用案例的学习，使读者真正达到学以致用的目的。

为了帮助读者更加直观地学习本书，随书附赠的光盘中不但包括了全部案例的素材文件，方便读者更高效地学习；还配备了所有案例的多媒体有声视频教学录像，详细地展示了各个案例效果的实现过程，扫除初学者对新软件的陌生感。

使用读者群体

通过本书的学习，可以使读者全面了解After Effects数字影视特效制作的基本原理，掌握影视特效制作的专业知识和操作技能，为广大视频爱好和从业者进行多媒体制作奠定良好的基础。适用读者群体如下：

● 各高等院校刚刚接触After Effects后期处理的莘莘学子；
● 各大中专院校相关专业及培训班学员；
● 多媒体设计人员；
● 广告公司人员以及相关工作的设计师；
● 视频制作爱好者。

本书在写作过程中力求谨慎，但因时间和精力有限，不足之处在所难免，敬请广大读者批评指正。

编　者

Contents 目录

Part 01 基础知识篇

Chapter 01 After Effects入门

1.1 After Effects简介		**10**
1.1.1 After Effects应用领域		10
1.1.2 After Effects支持的格式		10
1.1.3 后期制作基本知识		12
1.1.4 在After Effects中制作视频的流程		12
1.2 After Effects工作基础		**15**
1.2.1 After Effects工作界面的组成		15
1.2.2 After Effects首选项设置		17
1.3 项目的创建与编辑		**20**
1.3.1 项目的创建和设置		21
1.3.2 素材的导入与管理		23
1.3.3 项目合成		26
1.4 渲染和输出		**28**
1.4.1 渲染队列		28
1.4.2 设置渲染队列		29
1.4.3 渲染组件预设		31
📖 知识延伸 影视制作常见概念		32
💻 上机实训 在After Effects中导入psd文件		32
✏️ 课后练习		35

Chapter 02 图层与蒙版

2.1 认识图层		**36**
2.1.1 图层的新建		36
2.1.2 图层的类型		36
2.1.3 图层的基本操作		40
2.1.4 图层属性设置		42
实战练习 制作黄昏中的光线效果		44
2.2 图层的混合模式		**46**
2.2.1 正常模式		46
2.2.2 变暗模式		47
2.2.3 相加模式		48
2.2.4 叠加模式		48
2.2.5 差值模式		48
2.2.6 色相模式		49
2.2.7 Alpha模式		49
2.3 认识和创建蒙版		**50**
2.3.1 创建蒙版		50
2.3.2 调节蒙版		51
2.4 蒙版的属性		**52**
2.4.1 蒙版属性的修改		52

2.4.2 蒙版的混合模式 ……………………54

(知识延伸) 父子图层关系 ……………………55

(上机实训) 运用图层和蒙版知识拼合素材 ……56

(课后练习) ……………………………………59

Chapter 03 关键帧动画

3.1 关键帧基本操作 ……………………60

3.1.1 创建和编辑关键帧 ……………………61

3.1.2 图表编辑器 ……………………63

3.2 调整动画路径 ……………………63

3.2.1 改变动画运动路径 ……………………63

3.2.2 自动定向运动路径 ……………………64

(实战练习) 制作跑道上的小车动画 ……………65

3.3 创建快捷动画 ……………………67

3.3.1 运动速写 ……………………67

3.3.2 运动平滑 ……………………68

3.3.3 路径抖动 ……………………69

(知识延伸) 存储关键帧数据 ……………………70

(上机实训) 制作翻飞的蝴蝶动画 ……………70

(课后练习) ……………………………………74

Chapter 04 文字和形状

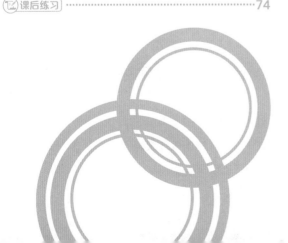

4.1 文字的创建和编辑 ……………………75

4.1.1 文本的创建 ……………………75

4.1.2 文本的编辑 ……………………76

4.2 文字格式及属性设置 ……………………77

4.2.1 字符格式设置 ……………………77

4.2.2 段落格式设置 ……………………78

4.2.3 文本图层属性 ……………………78

(实战练习) 创建文本图层的动画效果 ……… 80

4.3 文字动画 ……………………83

4.3.1 预设文字动画 ……………………83

4.3.2 文本动画的创建 ……………………84

4.3.3 文本控制器 ……………………85

(实战练习) 预设动画的应用 ……………85

4.4 形状的创建 ……………………88

4.4.1 创建形状图层 ……………………88

4.4.2 形状工具 ……………………88

4.4.3 钢笔工具 ……………………89

4.4.4 形状属性 ……………………89

(知识延伸) 固态层 ……………………90

(上机实训) 制作字幕动画 ……………90

(课后练习) ……………………………………95

Chapter 05 调色与抠像

5.1 色彩的基础知识 ·················96
5.1.1 色彩模式 ·················96
5.1.2 色彩深度 ·················97

5.2 颜色校正的核心特效 ·················97
5.2.1 "亮度和对比度"特效 ·················98
5.2.2 "色相/饱和度"特效 ·················98
5.2.3 "色阶"特效 ·················98
5.2.4 "曲线"特效 ·················99
实战练习 对素材进行颜色校正 ·················100

5.3 颜色校正常见特效 ·················102
5.3.1 "三色调"特效 ·················102
5.3.2 "色调"特效 ·················103
5.3.3 "照片滤镜"特效 ·················103
5.3.4 "颜色平衡"特效 ·················104
5.3.5 "颜色平衡（HLS）"特效 ·················105

5.3.6 "曝光度"特效 ·················106
5.3.7 "通道混合器"特效 ·················106
5.3.8 "阴影/高光"特效 ·················107
5.3.9 "广播颜色"特效 ·················108

5.4 抠像技术 ·················108
5.4.1 钢笔抠像 ·················108
5.4.2 "差值遮罩"特效 ·················109
5.4.3 "内部/外部键"特效 ·················110
5.4.4 "颜色范围"效果 ·················111
5.4.5 "亮度键"效果 ·················112
5.4.6 "溢出抑制"效果 ·················112

🏆 知识延伸 Roto笔刷工具抠像 ·················113
💻 上机实训 绿屏抠像 ·················114
✏️ 课后练习 ·················116

Chapter 06 跟踪与表达式

6.1 运动跟踪 ·················117
6.1.1 创建运动跟踪 ·················117
6.1.2 单点跟踪 ·················117
6.1.3 多点跟踪 ·················118

6.2 表达式 ·················119
6.2.1 认识表达式 ·················119
6.2.2 创建表达式 ·················120
6.2.3 常见表达式 ·················121

🔍 知识延伸 3D摄像机跟踪器 ·················124
💻 上机实训 制作气球跟随移动效果 ·················125
✏️ 课后练习 ·················128

目录 Contents

Chapter 07 光线和粒子特效

Chapter 08 其他特效制作

7.1 认识光线和粒子特效 ·······129
　7.1.1 光线特效 ·······129
　7.1.2 粒子特效 ·······130
7.2 光线特效 ·······130
　7.2.1 "镜头光晕"效果 ·······130
　7.2.2 "发光"效果 ·······131
　7.2.3 CC Light Rays 效果 ·······132
　7.2.4 CC Light Burst 2.5 效果 ·······133
　7.2.5 CC Light Sweep 效果 ·······134
　实战练习 制作随时间变化的光晕效果 ·······135
7.3 常用粒子特效 ·······137
　7.3.1 "粒子运动场"特效 ·······137
　7.3.2 CC Particle World 效果 ·······140
　实战练习 制作咖啡杯上的烟雾效果 ·······141
知识延伸 Form插件 ·······144
上机实训 制作粒子文字 ·······145
课后练习 ·······149

8.1 音频特效 ·······150
　8.1.1 音频特效的属性 ·······150
　8.1.2 常见音频特效 ·······151
8.2 扭曲特效 ·······152
　8.2.1 "边角定位"特效 ·······152
　8.2.2 "贝塞尔曲线变形"特效 ·······153
8.3 透视特效 ·······154
　8.3.1 "投影"特效 ·······154
　8.3.2 "斜面Alpha"特效 ·······155
8.4 风格化特效 ·······156
　8.4.1 "马赛克"特效 ·······156
　8.4.2 "浮雕"特效 ·······157
8.5 模糊和锐化特效 ·······158
　8.5.1 "高斯模糊"特效 ·······158
　8.5.2 "锐化"特效 ·······159
知识延伸 外挂插件 ·······159
上机实训 制作翻页动画 ·······161
课后练习 ·······164

Part 02 综合运用篇

Chapter 09 制作电视节目开头

9.1 创意构思 ……………………… 166

9.2 制作背景 ……………………… 166

9.3 制作文字动画 ………………… 168

9.4 制作成品并导出作品 ………172

Chapter 10 制作 APP 宣传广告

10.1 设计构思 …………………… 174

10.2 制作背景动画 ……………… 174

10.3 制作第一个镜头 …………… 177

10.4 制作成品并导出作品 ……… 182

Chapter 11 制作影视广告

11.1 设计构思 …………………… 184

11.2 制作背景 …………………… 184

11.3 制作文字动画 ……………… 188

11.4 制作成品并导出作品 ……… 191

Chapter 12 制作影视特效

12.1 创意构思 …………………… 193

12.2 制作手枪枪口火焰 ………… 193

12.3 制作手枪枪身动画 ………… 195

12.4 制作弹头和弹壳动画 ……… 197

Part 01

基础知识篇

After Effects是Adobe公司旗下一款功能齐全的后期特效编辑软件。在早期数码技术不成熟的时候，并不为大部分人所熟识，但是随着软件版本的更新和现代PC技术的发展，After Effects逐渐进入大众视野，并被越来越多的人认识和使用。本书的基础知识部分将对After Effects软件的功能和操作方法进行介绍，读者需要熟练掌握这些理论知识，为后期综合应用中案例的学习奠定基础。

Chapter 01　After Effects入门　　　　　Chapter 02　图层与蒙版

Chapter 03　关键帧动画　　　　　　　　Chapter 04　文字和形状

Chapter 05　调色与抠像　　　　　　　　Chapter 06　跟踪与表达式

Chapter 07　光线和粒子特效　　　　　　Chapter 08　其他特效制作

Chapter 01　After Effects入门

本章概述

随着计算机技术的发展，After Effects在影像合成、动画、视觉效果、非线性编辑、设计动画样稿、多媒体动画和网页动画方面都得到了广泛应用。本章将对After Effects的应用领域、用户界面等进行详细介绍。

核心知识点

❶ 了解After Effects的功能概述
❷ 了解After Effects的应用领域
❸ 熟悉After Effects的操作界面
❹ 掌握After Effects的系统常规设置

1.1　After Effects简介

After Effects是一款功能齐全的非线性编辑软件，在数字化、影视化渐渐成为主流的今天，由于其可与Adobe公司的其他软件（Photoshop、Illustrator、Audition和Premiere）实现了无缝结合，加上软件易上手和良好的人机交互等特性，使得After Effects成为一款非常受欢迎的影视特效编辑软件。

1.1.1　After Effects应用领域

After Effects广泛运用于从事动画设计和视觉特效的机构（个人后期工作室、多媒体工作室、媒体电视台、动画制作公司及影视制作公司），它涵盖的应用领域包括视频包装的后期合成、影视广告的后期合成、建筑动画的后期合成等诸多领域。本节将对After Effects的部分应用领域进行简单讲解。

1. 个人后期工作室

因为After Effects的使用过程中，不需要复杂的外部设备，而且可以与其他相关软件进行无缝结合，加上强大的功能，所以备受个人后期工作室青睐。

2. 媒体电视台

在电视节目的制作中，需要用到很多视觉特效，以达到吸引观众、增加收视率的目的，而After Effects总是优选。

3. 动画及影视制作公司

作为非线性编辑软件，After Effects能够优秀地完成复杂的合成，相较于线性编辑软件，摒弃了繁杂的外设，并且能够达到很好的效果。

1.1.2　After Effects支持的格式

在视频制作过程中，需要用到大量的静态图像、动态视频以及音频等素材，因为各素材的压缩比和获取渠道存在差异，因此衍生出大量的格式类型，After Effects支持这些格式中的大部分格式。同时After Effects可以根据需要导出具体的视频文件，针对不同的情况，提供不同压缩比输出格式。在导入文件时，在文件格式列表中有大量的格式可供选择，如下图所示。下面将对一些常见的视频、音频以及图像格式进行简单讲解。

1. AVI（Audio Video Interleaved）格式

在诸多格式中，AVI 格式作为无损输出格式，成为一种常用的输出格式。AVI格式图像质量非常高，因此其存储空间也很大，而且无法被现有带宽兼容，这一缺点正在被愈加强大的转码工具所克服，通过技术手段将其进行转码，在保证画质的同时，也能保证便于传输的体积。

2. MOV 格式

这是一种由美国Apple公司开发的一种视频格式，使用Quick Time Player作为默认播放器，有较高的压缩比和完美的图像比例，最大特点是跨平台播放。

3. 音频格式和图像格式

因为可以与Adobe Audition（如下左图所示）无缝结合，因此After Effects支持大多数音频格式，例如WAV格式，该格式由微软公司开发，并广泛在Windows平台使用，其声音质量与CD无异，因而广受欢迎。还有MP3格式，MP3是一种音频压缩技术，其全称是动态影像专家压缩标准音频层面3（Moving Picture Experts Group Audio Layer III），简称为MP3，尽管这是一种非常常见的数字音频格式，但是由于存在压缩损耗而渐渐失宠。同时还有MID和AIF等其他格式。

同时，After Effects也与 Adobe Photoshop（如下右图所示）无缝结合，并支持直接导入PSD和AI文件。PSD格式是一种由Adobe Photoshop创建的图形文件格式，用于存储图层、通道、文本等图形信息。AI格式由Adobe Illustrator创建，该格式作为一种矢量格式，可用于在After Effects中创建蒙版，也可作为无损素材导入。After Effects也支持其他常见图像格式，如JPG格式（JPEG格式）、BMP格式（位图格式），前者作为一种高压缩格式，在保证了文件大小的情况下，牺牲了图像的质量，即存在极大的损耗。

1.1.3 后期制作基本知识

电视、电影、视频广告等影视媒体，在带来大量信息的同时，也愉悦了人们的身心，但是大家对它们的后期制作知之甚少，本节将对后期制作的基本知识着重介绍。

1. 电视制式

由于After Effects是美国研发的，因而在默认的电视制式中采用了美国制，即NTSC彩色电视制式，该电视制式仅在美国、加拿大等西半球国家使用。与此同时，还有PAL和SECAM制式，PAL克服了NTSC制式相位敏感造成色彩失真的缺点，所以被我国采用。后者则为法国开发，也是为克服NTSC制式相位敏感造成色彩失真的缺点。

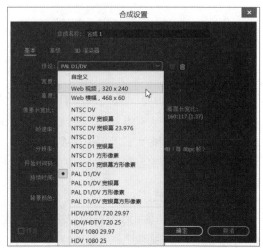

在全世界范围内，NTSC被美国加拿大等西半球国家使用；SECAM则被独联体国家，如法国、非洲法语系国家以及俄罗斯使用；PAL（PAL-D）则被中国大陆地区使用，如右图所示。

2. 数字视频的压缩

数字视频由于携带大量的信息而导致体积过大，而现有带宽是不支持传输如此大的体积文件，同时也会导致视频质量变低，因此需要可行的视频压缩技术。既要保证能够被现有带宽支持，也要保证传输完成后恢复到一定的质量。

1.1.4 在After Effects中制作视频的流程

制作一个完整的视频需要7个步骤：新建项目；导入和整理素材；创建合成图像；添加效果和预设动画；预览作品；渲染并导出最后的成品；保存项目。

1. 新建项目

制作一个完整的视频需要一个框架，而一个项目就是一个框架，打开软件之后，系统默认将自动创建一个项目，如下图所示。

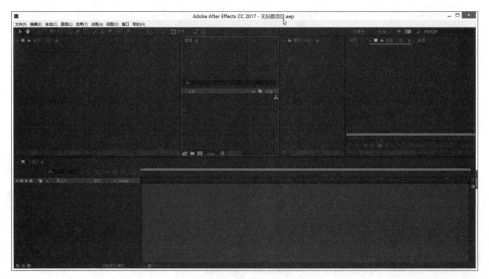

2. 导入和整理素材

在视频制作过程中，需要大量的音频、视频、图像素材，第一步就是将这些素材导入到软件中，如下左图所示。然后建立文件夹进行有效地整理，如下右图所示。

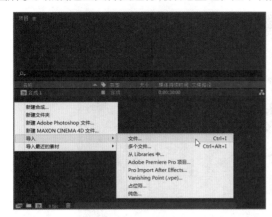 

3. 创建合成图像

第二步需要创建一个合成，如下左图所示。在After Effects中，创建合成包括设置制式、帧速率、时间长度等视频基本要素，如下右图所示。

 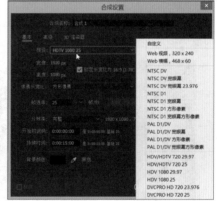

4. 添加效果和预设动画

After Effects为读者提供了大量的特效和预设动画。下图所示的"效果和预设"选项面板中，每一个选项都有大量的子选项，以满足操作的需求。

 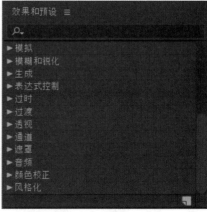

5. 预览作品

在作品制作完成后，用户可以在"合成"选项面板中查看制作完成的视频，如下左图所示。同时也可以在"预览"面板中对需要进行预览的文件进行设置，如下右图所示。

6. 渲染并导出最后的成品

操作完成后，需要执行渲染操作。在渲染时可以进行输出设置、输出模块设置以及渲染设置，将特效与视频、音频和图像进行合并，并得到最后成品。下图为"渲染队列"选项面板，单击"渲染"按钮便可以开始对合成进行渲染。渲染的时长和占用内存比例会根据合成中的帧数做相应的变化，帧数越多，时长越长而占用的内存会相应地增大。

渲染完成后，在设置存入的文件夹中可以看到渲染好的视频，如下左图所示。同时用户可以在相应的视频播放器中播放视频，如下右图所示。最后不要忘记保存项目。

1.2　After Effects工作基础

　　成功安装After Effects软件之后，启动软件时，将出现启动界面。在启动界面中可以看到软件会检查文件是否存在错误，如下左图所示。检查无误后，会弹出工作界面。

　　工作界面是由菜单栏、工具栏、时间轴面板、项目面板、合成窗口以及其他各类面板等组成，如下右图所示。

　　相对于旧版本，CC系列的人机交互愈加良好，而且在这个版本增加、更新了包括3D渲染引擎、实时文本模块、日期和时间令牌、Character Animator增强功能在内的多个功能。

 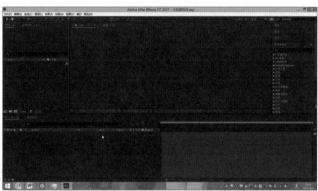

1.2.1　After Effects工作界面的组成

　　本节主要介绍After Effects工作界面的主要组成和相应功能，包括菜单栏、工具栏、项目面板、合成窗口、时间轴面板等，下面详细介绍工作界面的各组成部分。

1. 菜单栏

　　菜单栏包括"文件"、"编辑"、"合成"、"图层"、"效果"、"动画"等选项，单击这些选项可以弹出下拉菜单，如下图所示。

提示：编辑面板

工作界面中的每一个面板都可以根据用户的个人使用习作调整，用户可以在工作面板名称处右击，将弹出快捷菜单，在快捷菜单中对面板进行关闭、浮动等设置，如右图所示。

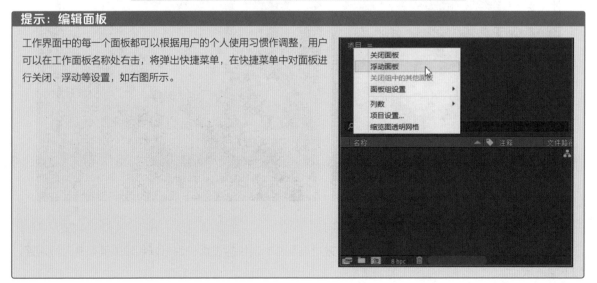

对面板设置完成后，在菜单栏中执行"窗口>工作区>另存为新工作区"命令，如下左图所示。弹出"新建工作区"对话框，如下右图所示。在"名称"文本框中输入名字，下一次打开软件会默认为读者自己新建的工作区。

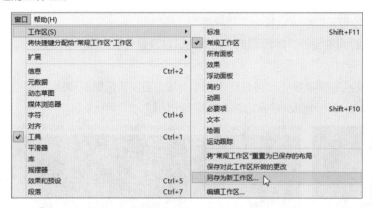

2. 工具栏

工具栏在菜单栏的下方，包括选取工具、手型工具、缩放工具、旋转工具、统一摄像机工具等，如下图所示。熟记这些工具的快捷键，可以加快工程进度。

3. "项目"面板

"项目"面板是一个主要的面板，在该面板中可以查看项目中导入的素材和素材对应的信息，在项目选项列表中，可以看到新建的合成、导入的文件以及其所对应的缩略图和信息，如下左图所示。

4. "合成"窗口

在"项目"面板中，可以看到合成项目的预览情况，用户可以选择素材和图层，在"合成"窗口中具体查看素材效果，如下右图所示。

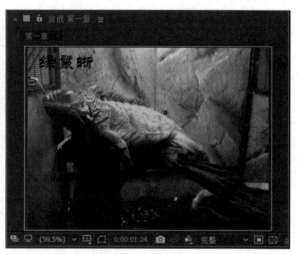

5. "时间轴"面板

在"时间轴"面板中，用户不仅可以进行效果以及基本属性的设置，也可以创建关键帧并进行调整，如下图所示。

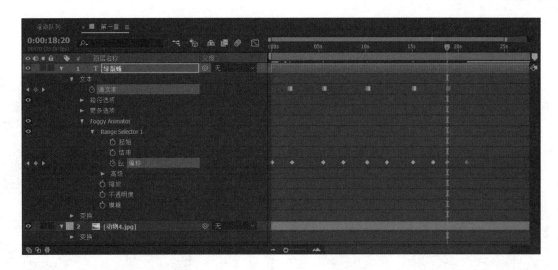

1.2.2 After Effects首选项设置

首选项设置是软件中重要的后台设置，在打开软件检查软件错误时会看到检查首选项一栏，由此可见首选项的设置非常重要。一般来说，After Effects在运行工程时，会使用一些系统默认的首选项设置，为了符合读者的个人需求可以独立设置首选项。本节将对核心首选项设置和常见首选项设置做详细讲解。

1. 打开"首选项"对话框

在菜单栏执行"编辑>首选项>常规"命令，如下左图所示。弹出"首选项"对话框，如下右图所示。当然读者也可以执行Ctrl+Alt+；快捷键，快速打开"首选项"对话框。

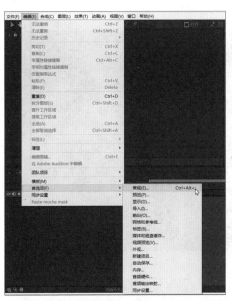

2. "常规"选项面板

在"首选项"对话框中切换到"常规"选项面板，用户可以做一些常规设置，以适应个人使用习惯以及所需的用途，如下左图所示。

3. "预览"选项面板

在"首选项"对话框中切换至"预览"选项面板，勾选"显示内部线框"复选框，可以在预览时查看特效运动路径；在"音频"选项区域，勾选"非实时预览时将音频静音"复选框，可以确定是否在非实时帧预览时播放音频，如下右图所示。

4. "显示"选项面板

在"首选项"对话框中切换至"显示"选项面板，可以对项目中的运动路径及其相关首选项进行设置，如下左图所示。

5. "视频预览"选项面板

在"首选项"对话框中切换至"视频预览"选项面板，勾选"启用Mercury Transmit"复选框，表示合成的预览可以在外部监视器中显示，如下右图所示。

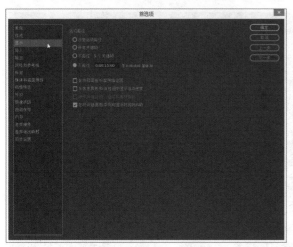

6. "导入"选项面板

在"首选项"对话框中切换至"导入"选项面板，根据需要对导入的静止素材、序列素材进行设置，同时也可以设置导入素材的制式缺陷（NTSC缺陷），或者设置导入的项目文件为素材或项目，如下左图所示。

7. "输出"选项面板

在"首选项"对话框中切换至"输出"选项面板，对视频的输出操作进行具体的设置，如下右图所示。

8. "音频输出映射"选项面板

在"首选项"对话框中切换至"音频输出映射"选项面板，然后对音频映射及其首选项进行设置，如下左图所示。

9. "标签"选项面板

在"首选项"对话框中切换至"标签"选项面板，根据需要对默认标签颜色进行设置，这里体现出After Effects良好的人机交互性和个性UI设计方案，如下右图所示。

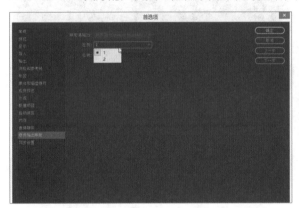 

10. "网格和参考线"选项面板

在"首选项"对话框中，切换至"网格和参考线"选项面板，可以对网格和参考线的颜色及样式进行个性设置，这里同样体现出After Effects良好的人机交互性，如下左图所示。

11. "外观"选项面板

在"首选项"对话框中切换至"外观"选项面板，根据需要对默认界面面板的亮度进行调整，并确定是否使用标签颜色，如下右图所示。

 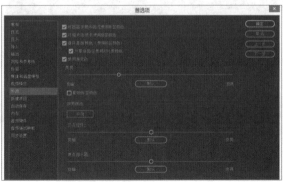

12."自动保存"选项面板

在"首选项"对话框中切换至"自动保存"选项面板，可以对自动保存的时间间隔和自动保存的项目数量进行设置。自动保存设置十分重要，因为在一些不可预见的意外情况下会导致项目丢失，自动保存能将项目进行后台保存从而在很大程度上避免一些损失，如下左图所示。

13."内存"选项面板

在"首选项"对话框中切换至"内存"选项面板，可以对After Effects占用的内存进行分配，如下右图所示。

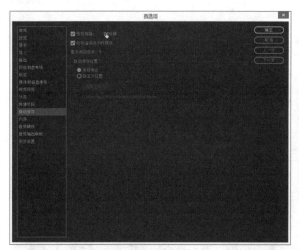 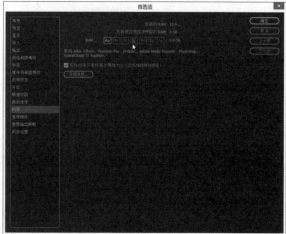

14."媒体与磁盘缓存"选项面板

在"首选项"对话框中切换至"媒体和磁盘缓存"选项面板，在该选项面板中，读者可以选择是否启用磁盘缓存，在渲染过程中，需要大量的内存，在配置内存不够的情况下，可以启用虚拟内存，如下图所示。

> **提示：保存首选项设置**
>
> After Effects进行更新时，会询问是否保存首选项设置，这样在软件更新后不需要对首选项进行重新设置。Adobe的其他软件同理。

1.3 项目的创建与编辑

启动After Effects并开始工作时，需要创建一个项目文件。通常情况下，系统会对新建的项目采取默认设置，如果有特殊的需要就必须对项目进行更详细的设置。本节将对项目的创建和编辑进行详细讲解。

1.3.1 项目的创建和设置

After Effects CC中的项目是一个文件，在这个文件里会引用所存储的合成图形和项目素材使用的源文件。下面将讲解一些有关项目的基础知识。

1. 项目概述

作为一个文件，在保存时项目文件的拓展名为.aep，同时支持拓展名为.aet的模板项目文件，如下左图所示。在软件面板的上方查看当前项目的所处位置、名字以及相应拓展名，如下右图所示。

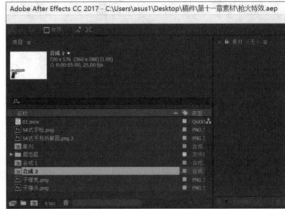

2. 项目的新建

在菜单栏中执行"文件>新建>新建项目"命令，可以新建一个采取默认设置的项目。用户也可以按Ctrl+Alt+N快捷键，快速创建一个默认设置的项目，如下图所示。

3. 项目的设置

一般来说，新建项目之后，会采取默认的设置。如果读者有特殊的需要，可以对新建的项目进行单独的设置，After Effects为读者提供了设置选项，在菜单栏中执行"文件>新建>项目设置"命令，如下左图所示。打开"项目设置"对话框，可以分别切换至"视频渲染与效果"、"时间显示样式"、"颜色设置"以及"音频设置"选项卡进行具体的设置，如下右图所示。

"时间显示样式"决定了时间显示的样式，根据用户制作什么样的作品，比如需要制作一部电影，那么在合成帧中帧数计算采用帧计算；如果需要制作一个广播视频则选用时间码计算帧数，如下左图所示。"颜色设置"包含了设置通道位深（每通道8位、16位或者32位），也包括了色彩空间管理和混合设置，这也是读者根据需要独立设置，如下右图所示。

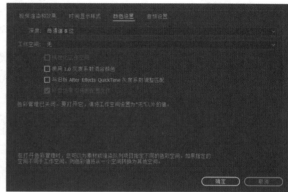

4. 打开项目以及打开最新使用项目

当需要打开一个项目文件时，After Effects也提供了几种打开方式，在菜单栏中执行"文件>打开项目"命令，如下左图所示。会打开默认的项目存储文件夹，或者打开最近保存的文件夹，如下右图所示。用户也可以按Ctrl+O快捷键，快速打开默认存储文件夹或者最近保存文件夹。

在菜单栏中执行"文件>打开最近的文件"命令，可以浏览最近打开的项目文件，如下图所示。在"打开最近的文件"列表中显示最近使用的项目文件，该功能大大减轻了查找项目文件的压力。

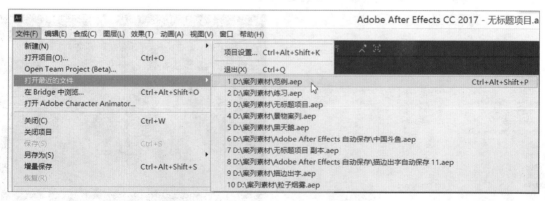

5. 保存项目

项目制作完成后，为防止内容丢失，需要保存新建的项目，在菜单栏中执行"文件>保存"命令，如下左图所示。弹出"另存为"对话框，如下右图所示。一般会弹出默认存储文件夹或者最近文件夹，读者可以根据需要进行文件存储位置的调整、文件名的修改以及文件后缀名的修改。也可以按Ctrl+S快捷键执行快速保存操作。

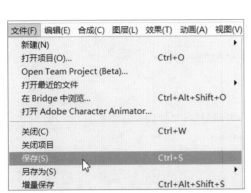
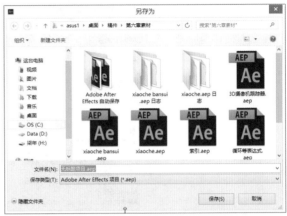

6. 将项目保存为副本

保存新建项目之后，用户可以根据需要再将其保存为副本，即在菜单栏中执行"文件>另存为>保存副本"命令，如下图所示。在打开的"保存副本"对话框中，设置保存的位置、文件名和保存类型，单击"保存"按钮即可。

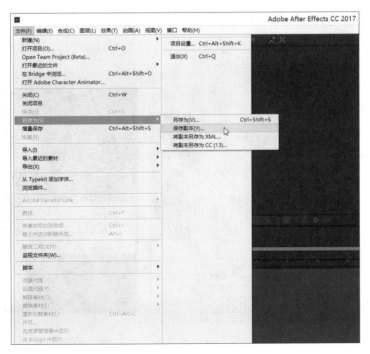

1.3.2 素材的导入与管理

在视频的制作过程中，不仅需要After Effects内置强大的图形矢量效果，也需要导入大量前期准备好的素材。本节将对导入素材和管理素材进行详细讲解。

1. 导入文件的格式

前面已经介绍的关于After Effects支持的格式，也就是导入文件时软件支持的格式，视频素材可以使用MOV、MP4、AVI、MPEG等格式，音频素材支持WAV和MP3格式，图片素材支持PSD、AI、TIFF等格式。下图为部分支持的文件格式。

2. 导入文件

在菜单栏中执行"文件>导入>文件"命令（按Ctrl+I快捷健），如下左图所示。会弹出"导入文件"对话框，读者可以选择先前准备的素材，单击"导入"按纽。也可以在项目面板中右击，在弹出的快捷菜单中执行"导入>文件"命令，如下右图所示。

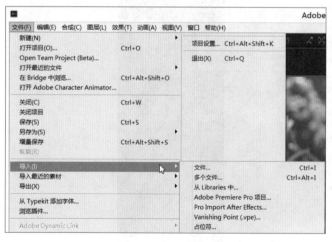
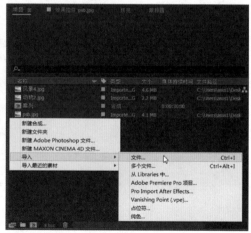

3. 管理素材

在After Effects中导入素材后，会发现导入的素材过于杂乱，为了保证后续工作的顺利进行，需要对导入的素材进行排序和归纳。在"项目"选项面板，可以查看所有导入的素材，如下左图所示。素材排序的依据有"名称"、"类型"、"大小"、"文件路径"等，切换至不同选项，可以进行倒序或者正序排列，如下右图所示。

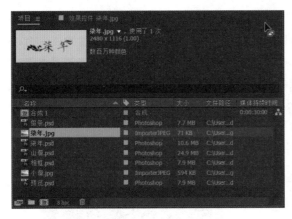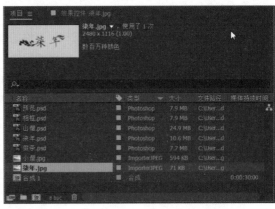

　　在菜单栏中执行"文件>新建>新建文件夹"命令，如下左图所示。可以在"项目"面板中看到新建了文件夹，此文件夹是未命名的，需要用户自定义新建文件夹的名称，然后将需要整理的素材拖入相应的文件夹，在整理之后，显得有条有理而不是杂乱无章，如下右图所示。用户也可以在"项目"面板下方单击"新建文件夹"按钮，快速新建一个文件夹。

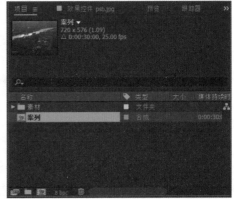

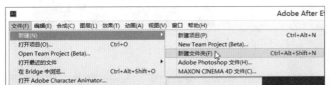

4. 搜索素材

　　在导入了大量素材之后，建立合理的文件夹进行整合是必要的。如果需要快速、准确地查找某一个素材时，读者不需要一个个打开文件夹，或者凭记忆去找，可以在"项目"面板中间搜索栏中进行快速查找，也可以使用搜索栏的智能搜索，在下拉列表中，选择"已使用"、"未使用"选项，查找一般的素材。使用项目作为素材时，会存在丢失字体、缺失效果或者缺失素材等常见问题，在搜索栏中可以智能索引，如下左图所示。或者输入关键字查找素材，如下右图所示。

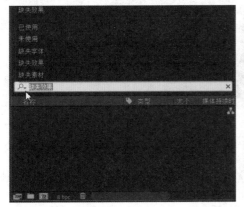

5. 解释素材

一般来讲，软件系统会根据导入素材源文件的帧速率、颜色配置、Alpha通道类型、像素长宽比对素材进行解释，这遵循着一般内部规则。但是如果内部规则无法解释，就需要读者设置规则来解释具有特殊规则的素材。解释素材时，需要在"项目"面板中选中需要解释的文件，在菜单栏中执行"文件>解释>主要"命令，也可以按Ctrl+Alt+G快捷键，如下左图所示。

在"解释素材"对话框中，可以看到导入素材的清单，其中Alpha区域决定了透明度设置；"帧速率"区域对于图像序列非常重要；"场和Pulldown"区域用于对素材的场进行设置调整，如下右图所示。

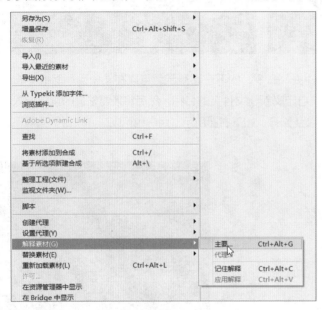 

6. 了解和建立Alpha通道

Alpha通道是指图像的灰度和不透明度，在Photoshop中为图像素材添加Alpha通道，如下左图所示。素材的前期处理中添加Alpha通道，在After Effects中导入这个带有不透明度的素材，在打开的"解释素材"对话框中对Alpha通道进行设置。如下右图所示。

1.3.3 项目合成

在新建项目中导入并整理好素材之后，可以将它们放到一个新建合成文件中。合成功能是用来合成作品的，同时，合成后的文件也可以作为素材使用。

1. 新建空白合成

在菜单栏中执行"合成>新建合成"命令，如下左图所示。弹出"新建合成"对话框，在该对话框中系统会对一些常规选项采取默认设置，读者可以根据需要做具体设置。

在"新建合成"对话框中，切换至"基本"选项卡，可以进行制式的调整，前面介绍过中国大陆地区使用PDA-D制式，但这是美国开发的软件，因此默认制式为NTSC，需要进行改动。在修改制式之后，像素长宽比、帧速率等相关参数会随之改变。分辨率的设置是必要的，因为它直接影响了视频的质量。还需要进行开始时间、结束时间的设置，这决定了制作视频的时长，如下右图所示。

在"高级"选项卡中，可以对渲染过程中分辨率和帧速率以及快门等参数进行设置，如下左图所示。在"3D渲染器"选项卡中，读者可以选择渲染器类型并进行相关设置，如下右图所示。

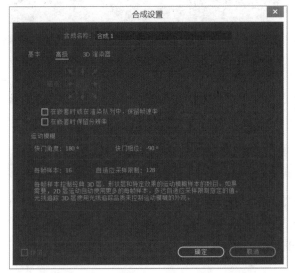
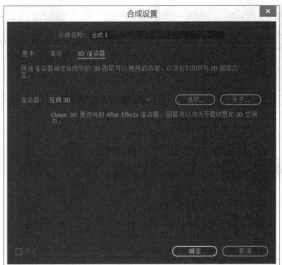

合成在整个项目中是重要的一环，快速新建合成非常重要，用户可以按Ctrl+N快捷键快速新建合成，也可以在"项目"面板中右击，在快捷菜单中执行"新建合成"命令，完成快速新建合成操作。

2. 基于素材新建合成

上面介绍如何新建一个空白的合成以及相关的设置，但是在素材的实际使用过程中，素材的分辨率等可能与新建的空白合成不相符，造成不能匹配的问题，因此需要基于素材新建一个合成。

在"项目"面板中，将导入的素材拖至面板下方"新建合成"按钮上，如下左图所示。便可以新建一个与素材分辨率匹配的项目，如下右图所示。

3. 嵌套合成

将合成作为素材使用，对于复杂动画的制作是十分有效的。嵌套合成又叫做预合成，具体创建方法是在"时间轴"面板中选择单个或者多个需要进行嵌套的素材并右击，在弹出的快捷菜单中执行"预合成"命令，如下左图所示。弹出"预合成"对话框，然后对预合成的名称、属性等进行设置，如下右图所示。

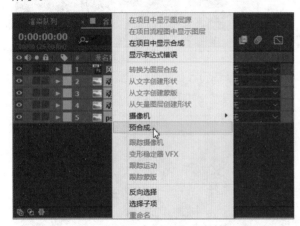 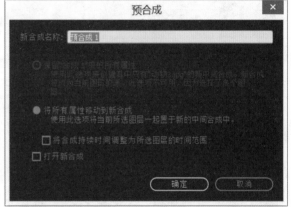

1.4 渲染和输出

在After Effects中，完成已经做好镜头的方法就是将其渲染并输出。一般来说，新建渲染队列的基础设置内容会和所新建的合成的基础设置内容相符，但是部分内容需要读者进行独立设置，例如输出视频的压缩比、存储位置等。本节将对渲染和输出相关参数的设置进行详细讲解。

1.4.1 渲染队列

渲染队列是渲染的基础，本节将对"渲染队列"面板的应用，以及如何新建一个渲染队列进行讲解。

1. 认识渲染队列

在菜单栏中执行"窗口>渲染队列"命令，如下左图所示。打开"渲染队列"面板，默认渲染队列为空队列，需要将做好的合成导入，如下右图所示。在"渲染队列"面板中可以对"渲染设置"、"渲染模块"、"输出到"等选项进行具体设置。

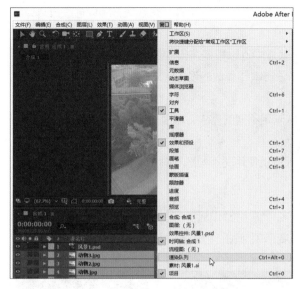

2. 新建渲染队列

对于需要进行渲染的合成，在"项目"面板选中需要渲染的合成，然后在菜单栏中执行"文件>导出>添加到渲染列表"命令，如下左图所示。或执行"合成>添加到渲染队列"命令，如下右图所示。均可以新建一个采取默认设置的渲染队列。除了上述两种方法外，也可以按Ctrl+M快捷键，快速建立一个采取默认设置的项目。

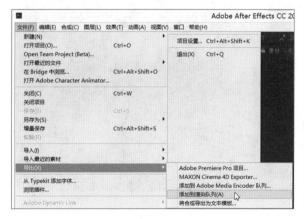
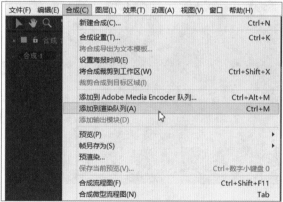

1.4.2 设置渲染队列

一般来说，新建渲染队列之后，会采取默认的设置，但是如果读者有特殊的需要，可对新建的项目进行单独的设置，如对"渲染设置"、"输出模块""输出到"等选项进行设置，如下图所示。

1. 渲染设置

在"渲染设置"对话框中，可以根据作品的需要对"合成"、"时间采样"、"选项"等属性进行具体的设置，如下左图所示。

- "合成"也就是前面介绍的合成相关设置，在该区域中可以根据渲染的具体要求进行设置。其中，"品质"参数的选择直接影响输出作品的质量；"分辨率"参数的设置则对输出作品的分辨率大小产生作用。
- "时间采样"和合成设置一样可以进一步设置，以满足不同的需求，这里体现出After EffectsUI设计中良好的人机交互。
- "选项"则用于设置是否需要进行联机渲染，个人单机使用时不勾选"跳过现有文件"复选框。

2. 输出模块设置

After Effects支持多种输入格式，同样也支持很多种输出格式。在"时间轴"面板中单击"输出模块"图标，会弹出"输出模块设置"对话框，包括"主要选项"和"色彩管理"选项卡，如下右图所示。

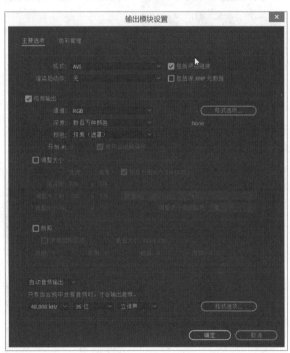

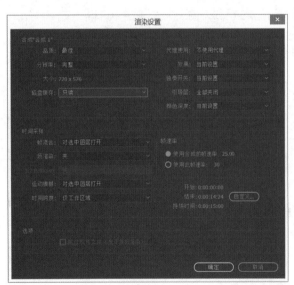

在"主要选项"选项卡中，主要是对输出格式、视频输出以及音频输出进行设置。输出格式可以通过下拉列表选择；视频输出依据选择的格式不同，可以对通道、像素宽高比、大小进行调整；在音频设置中，可以根据是否带有音频，选择是否打开音频输出，若无音频而打开了音频输出，则默认为静音音频。

3. 输出设置

输出设置是将制作完成的作品渲染后存储到具体位置，在弹出的对话框中一般是默认的存储位置，也可能是自动保存的位置或者最近保存的位置。用户可以根据需要修改保存位置以及文件的名称，但是文件类型无法修改，是因为在输出模块中的设置决定了输出的格式。下图所示已经在输出设置模块中设置了输出格式为AVI，因此无法更改文件格式。

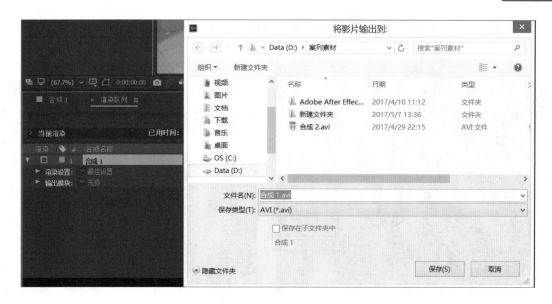

1.4.3　渲染组件预设

除了可以在"渲染队列"面板中对渲染进行设置外，用户也可以通过执行相关命令对渲染进行批量化设置，以省去大量的重复设置。

在大批量渲染时，由于在合成时没有进行设置，需要在渲染中设置，但是由于数量众多设置繁琐，这就需要进行渲染预设。在菜单栏中执行"编辑>模板>渲染设置（输出模块）"命令，如下图所示。

提示：渲染成多个格式以进行对比

在菜单栏中执行"合成>添加到渲染队列"命令后，在打开的"渲染队列"对话框中单击"输出到"左侧的加号按钮，可以添加多个输出模块选项，用户可以修改输出的格式，以便渲染成多个格式并进行对比。

即可弹出"渲染设置模板"和"输出模块模板"对话框，如下图所示，然后根据需要进行设置，以避免大量复杂的重复设置，提高工作效率。

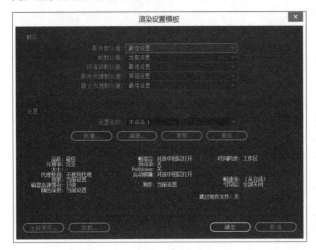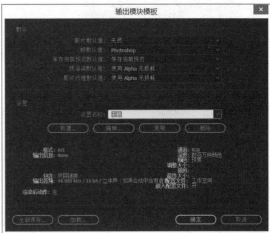

 知识延伸：影视制作常见概念

本章在之前的介绍中，出现了大量名词，此处将对这一常用名词进行解释，使读者对一些常见的影视制作概念有一些了解。

1. 帧速率

帧速率是指每秒钟刷新图片的帧数，也可以理解为图形处理器每秒钟能够刷新的次数。对影片内容而言，帧速率指每秒所显示的静止帧格数。要生成平滑连贯的动画效果，帧速率一般不小于8fps，而电影的帧速率为24fps，捕捉动态视频内容时，此数字愈高愈好。

2. 帧

人眼在观察景物时，光信号传入大脑神经需经过一段短暂时间，光的作用结束时，视觉是不立即消失的，这一现象称为"视觉暂留"。当电影画面换幅频率达到每秒15幅~30幅时，观众便见不到黑暗的间隔了，这时人"看到"的就是运动的事物，这就是电影的基本原理。这里的一幅画面就是电影的一帧，也就是电影胶片中的一格。

 上机实训：在After Effects中导入psd文件

在学习了本章内容后，用户需要将这些内容运用到实际操作中。After Effects可以和Adobe Photoshop进行无缝结合，Adobe Photoshop的文件是psd格式，这里将讲解如何将psd格式的文件导入至After Effects中。

步骤01 After Effects软件安装完成后，用户可以将软件的快捷方式发送到桌面上，双击该图标打开软件，软件界面如下图所示。

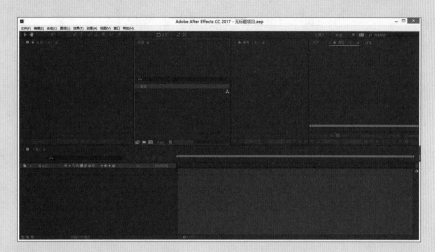

步骤 02 在菜单栏中执行"文件>新建>新建项目"命令，如下图所示。

步骤 03 然后执行菜单栏中的"合成>新建合成"命令，如下左图所示。

步骤 04 在弹出的"合成设置"对话框中进行相对应的设置，如下右图所示。

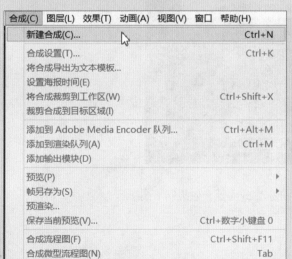

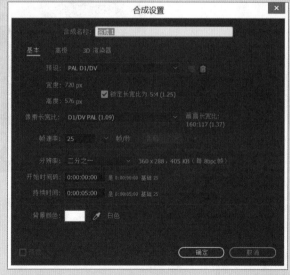

步骤 05 在菜单栏中执行"文件>导入>文件"命令，如右图所示。

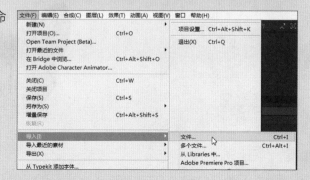

步骤 06 在弹出的"导入文件"对话框中选择需要的psd文件，如下图所示。

步骤 07 单击"导入"按钮后，会弹出关于psd格式的对话框，进行所需的设置，如下图所示。

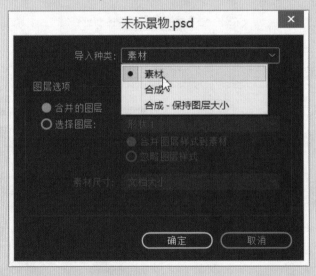

步骤 08 设置完成后单击"确定"按钮，并把psd文件拖入合成面板，效果如下图所示。

课后练习

1. 选择题（部分多选）

（1）After Effects是一款（　　）编辑软件。

　　A. 线性　　　　　　　　　　　　　B. 非线性

　　C. 线性和非线性　　　　　　　　　D. 以上都不是

（2）After Effects为个人工作室青睐的原因有（　　）。

　　A. 不需要复杂的设备　　　　　　　B. 强大的功能

　　C. 良好的人机交互　　　　　　　　D. 以上都是

（3）After Effects可以与以下哪些软件无缝结合（　　）。

　　A. Adobe Photoshop　　　　　　　B. Adobe Illustrator

　　C. Adobe Audition　　　　　　　　D. QQ

2. 填空题

（1）使用＿＿＿＿＿组合键，可以打开"新建合成"对话框。

（2）使用＿＿＿＿＿组合键，可以快速打开"导入"对话框。

（3）常见的电视制式有＿＿＿＿＿，我国使用的制式是＿＿＿＿＿。

3. 上机题

　　利用光盘中给的文件，制作一个幻灯片影片。

操作提示

（1）打开软件，熟悉软件界面。

（2）批量导入素材文件。

（3）将素材添加到"时间轴"选项面板，建立以素材为基础的合成。

Chapter 02 图层与蒙版

本章概述

了解了After Effects的工作原理后，本章将介绍After Effects中的基础内容，即图层的相关知识、图层属性的调整以及图层的混合模式。此外，还会介绍关于蒙版的相关知识，如创建蒙版、属性设置以及混合模式设置等。

核心知识点

❶ 了解After Effects图层的类型
❷ 熟悉After Effects图层的基本操作
❸ 熟悉After Effects图层的知识
❹ 熟悉After Effects蒙版的混合模式
❺ 掌握After Effects图层的混合模式

2.1 认识图层

在After Effects中引入了Adobe Photoshop中的图层概念，区别在于前者的图层可以是静态的图像或动态的视频，而后者仅是静态的图像。在After Effects的使用过程中，可以在合成中新建图层，使素材以图层的形式出现，重复叠加以得到最佳效果。

2.1.1 图层的新建

在After Effects中创建图层一般有两种方法，第一种是在菜单栏中执行"图层>新建"命令，在其子菜单中选择需要新建的图层类型，如下左图所示。另一种方法是在新建的"时间轴"面板空白处右击，在弹出的快捷菜单中执行"新建"命令，在其子菜单中选择新建的图层类型，如下右图所示。

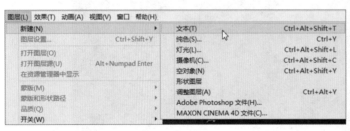
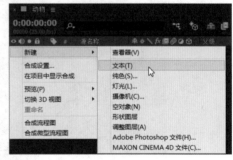

2.1.2 图层的类型

在After Effects中，图层的类型一共分为8种，每一种都有其独特的作用，下面将对这8种图层的应用进行详细介绍。

1. 素材图层

在After Effects中导入素材后，在"项目"面板中选中图层，将其直接拖曳至"时间轴"面板，会自动生成序列，同时自动生成素材图层，包括图像、视频、音频等。

2. 文本图层

文本图层是用于创建文字特效的图层，在"时间轴"面板的空白处右击，在弹出的快捷菜单中执行"新建>文本"命令，如下左图所示。系统自动选中工具栏中的横排文字工具，同时默认在合成窗口中央位置出现光标，用户根据需要在此处输入文字，输入完毕按Enter键即可，如下右图所示。

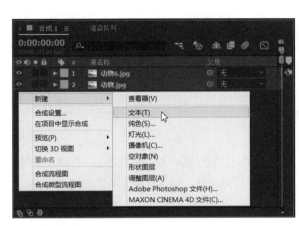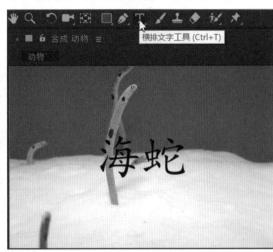

3. 纯色图层

纯色图层是在After Effects中建立的一种图层，一般在视频制作中用做背景或者蒙版形状。在"时间轴"面板空白处右击，在弹出的快捷菜单中执行"新建>纯色"命令，如下左图所示。当然也可以按Ctrl+Y快捷键，快速建立纯色图层。弹出"纯色设置"对话框，用户可以根据需要设置纯色图层的名称、像素宽高比、颜色等属性，如下右图所示。

要对颜色属性进行修改，则在"纯色设置"对话框中单击"颜色"按钮，在弹出的"纯色"对话框中选择所需的颜色即可，如右图所示。

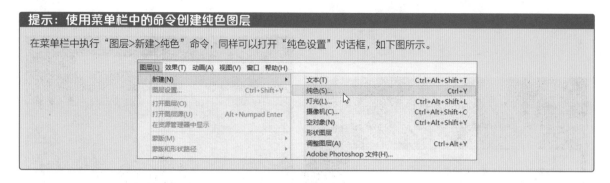

> **提示: 使用菜单栏中的命令创建纯色图层**
>
> 在菜单栏中执行"图层>新建>纯色"命令, 同样可以打开"纯色设置"对话框, 如下图所示。

4. 灯光图层

灯光图层用于在After Effects中补充或者模拟光源。在"时间轴"面板的空白处右击, 在弹出的快捷菜单中执行"新建>灯光"命令, 如下左图所示。在弹出的"灯光设置"对话框中, 可以对灯光类型、灯光颜色等属性进行设置, 如下右图所示。

5. 摄像机图层

摄像机图层用于在After Effects中建立模拟摄像机的游离动作, 只对三维图层有效。在"时间轴"面板的空白处右击, 在弹出的快捷菜单中执行"新建>摄像机"命令, 如下左图所示。弹出"摄像机设置"对话框, 对需要模拟的摄像机进行设置, 如下右图所示。

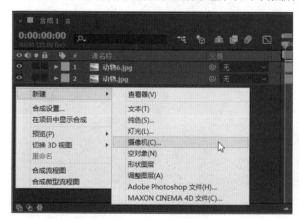
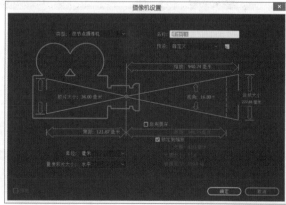

6. 空对象图层

空对象图层用于在After Effects中辅助其他图层创建特效或者父子图层关系。在"时间轴"面板的空白处右击，在弹出的快捷菜单中执行"新建>空对象"命令，如下左图所示。即可在"合成"窗口看到创建的空对象，如下右图所示。

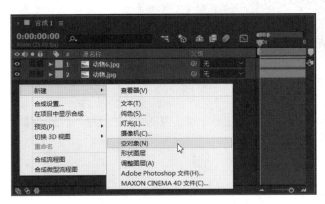 

7. 形状图层

形状图层是在After Effects中建立的矢量图形，用户可以使用遮罩或者钢笔工具绘制。在"时间轴"面板的空白处右击，在弹出的快捷菜单中执行"新建>形状图层"命令，如下左图所示。在工具栏中选择矩形工具，在合成窗口拖曳，即可绘制出一个矢量矩形，如下右图所示。

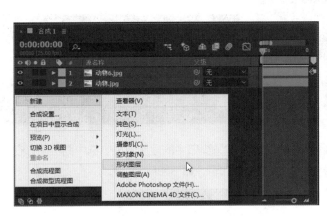 

8. 调整图层

调整图层在特效制作过程中主要起色彩和效果调节的作用，对图层本身并不影响，但是在调节的过程会对其下方的所有图层产生影响。在"时间轴"面板中的空白处右击，在弹出的快捷菜单中执行"新建>调整图层"命令，根据需要选择合适的特效即可，如右图所示。

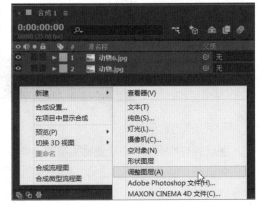

提示：在三维中操作二维图层

在After Effects中导入的静态图像一般是二维图层，但是有时候需要将其进行三维处理，以使画面更加灵动，这时在"时间轴"面板上单击"3D图层－允在3维中操作此图层"按钮即可，如下图所示。

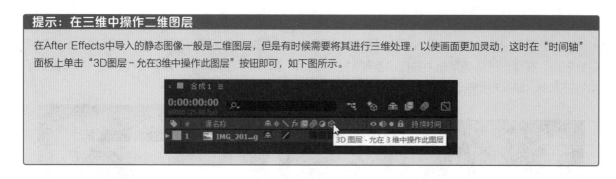

2.1.3 图层的基本操作

在了解图层的类型之后，接下来将对图层的一些基础操作进行讲解，包括图层的排序、对齐、修改图层颜色等。

1. 图层的排序与层次

在"时间轴"面板中选中所有图层后，在菜单栏中执行"动画>关键帧辅助>序列图层"命令，可以快速衔接相应视频片段，如下左图所示。在"时间轴"面板中，图层的上下位置决定了它在合成中的位置，如果需要调整图层的次序，可以选中图层，按住鼠标左键拖曳至目标位置即可，如下右图所示。

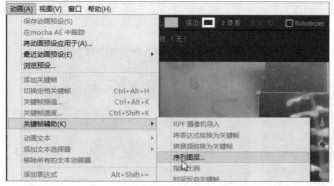

图层的移动能够改变图层顺序，从而影响图层对象在"合成"窗口中的显示效果。选中图层后，在菜单栏中执行"图层>排列"命令，在其子菜单中选择相关的选项即可，如下图所示。

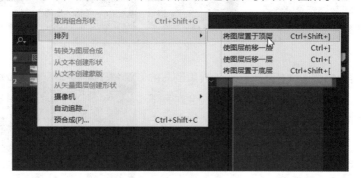

2. 图层的对齐

图层的对齐操作可以快速将图层对齐到指定位置，需要注意的是，图层对齐只能针对二维图层。在菜单栏中执行"窗口>对齐"命令，如下左图所示。打开"对齐"面板，该面板中提供了多种对齐方式，如水平靠左对齐、垂直靠上对齐等，如下右图所示。

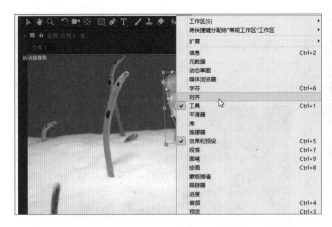

3. 修改图层颜色标签

为了方便区别不同类型的文件，After Effects为不同类型的文件预设了不同的标签颜色。为了方便不同用户的使用习惯，作为辅助区分，用户也可以自行设置不同类型文件所对应的颜色标签。在每个图层的右侧有一个色块，单击色块会弹出颜色菜单，如下左图所示。根据需要对不同类型的文件进行设置，效果如下右图所示。

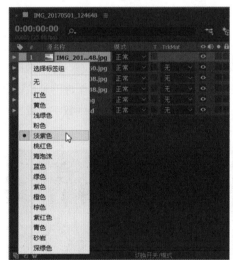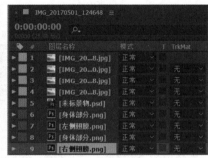

4. 修改图层持续时间

图层持续时间即图层在合成中的持续时间，是一种快捷的剪辑方法。在菜单栏中执行"图层>时间>时间伸缩"命令，如下左图所示。在弹出的"时间伸缩"对话框中更改图层的持续时间，如下右图所示。

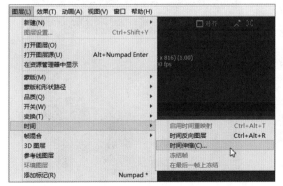

5. 拆分图层

要对图层进行拆分，用户可以在"时间轴"面板中选中需要拆分的图层，同时将时间指示器移动到需要拆分的位置，在菜单栏中执行"编辑>拆分图层"命令，如下左图所示。可以发现选中的图层已经在时间指示器的位置处被拆分，如下右图所示。

2.1.4 图层属性设置

图层具有5项基本属性，分别为"锚点"属性、"位置"属性、"缩放"属性、"旋转"属性和"不透明度"属性。这5项属性用户可以自由调整以达到预期效果，以下是对这5种属性的详细介绍。

1. "锚点"属性

"锚点"属性决定了图层的缩放和旋转中心，默认在"合成"窗口的中央位置，可以根据需要进行位置调整。一般有两种方法修改锚点的位置，第一种是在"时间轴"面板上对锚点属性的参数进行修改，双击锚点坐标，在数值框中输入具体的坐标参数，如下左图所示。或者将光标移动到数字位置上，当光标变为手的形状时，向左或向右拖曳修改即可，如下右图所示。

另一种修改方法是手动修改，在工具栏中选择锚点工具，然后在"合成"窗口选中锚点，进行拖曳即可，如右图所示。（若需要将锚点移动到特殊位置，如垂直或者水平控制点的中线位置上，则同时按住Ctrl键进行移动即可）

2."位置"属性

"位置"属性决定了图层的位置，即上一图层在下一图层上的位置。对于二维图层，仅能做X、Y两个方向的更改，对于三维图层则可以做X、Y、Z方向的更改。具体修改方法有两种，一种是在"时间轴"面板中选中需要修改的图层，在"合成"窗口中直接按住素材拖曳即可，如下左图所示。另一种方法和"锚点"属性修改参数一样，在"时间轴"面板中选中图层后，双击数字部分，在数值框中输入具体的坐标参数，按Enter键即可。或者将光标移动到数字位置处，当光标变为手形状时，向左向右拖曳修改即可，如下右图所示。

3."缩放"属性

"缩放"属性使图层可以更改大小。有两种方法可以修改"缩放"属性的参数，第一种是在"时间轴"面板中选中需要进行缩放的图层，在"合成"窗口按住素材的控制点，如果是按住四角的控制点，向内或者向外拖曳可以缩小或者放大图层，如果是按住上下和左右的控制点可以在垂直和水平位置缩放图层，如下左图所示。另一种方法和"锚点"属性修改参数方法一样，如下右图所示。

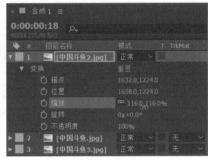

4."旋转"属性

"旋转"属性使图层以任意方向旋转。同样的也有两种方法对"旋转"属性的参数进行修改，一种是在"时间轴"面板上选择需要进行旋转的图层，在工具栏选择旋转工具，根据选择图层的锚点作为旋转中心进行旋转，如下左图所示。另一种方法和"锚点"属性修改参数方法一样，如下右图所示。

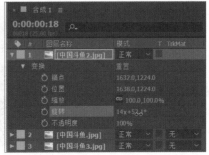

5. "不透明度"属性

"不透明度"属性参数的默认值为100%，对该属性的修改常用的方法是，在"时间轴"面板中选择需要进行不透明度修改的图层，双击数字部分，在数值框中输入参数，或者将光标移动到数字位置，向左向右拖曳修改即可，如下左图所示。将不透明度调整至60%，此时图层开始出现不透明，如下右图所示。

提示：属性的重置

如果将所有属性进行归零调整，需要将所有属性值调整为初始状态。在仅有5项基础属性时，非常容易，但是存在大量属性时，仅需单击"时间轴"面板上属性最上方的"重置"按钮，如右图所示。

实战练习 制作黄昏中的光线效果

通过上述内容的学习，本案例将介绍关于灯光图层的实际运用，通过进行合理的参数设置，可以将图像渲染出别致的效果，达到对画面情感渲染的目的。下面将介绍详细的操作步骤。

步骤 01 在菜单栏执行"合成>新建合成"命令或者执行Ctrl+N快捷键命令新建一个合成，如下左图所示。

步骤 02 在弹出的"合成设置"对话框中进行参数设置，如下右图所示。

 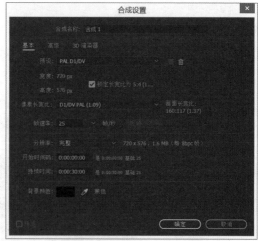

步骤 03 在菜单栏中执行"文件>导入>文件"命令或者按Ctrl+I快捷键，如下左图所示。

步骤 04 在弹出的"导入文件"对话框中选中需要导入的文件并单击"导入"按钮，如下右图所示。

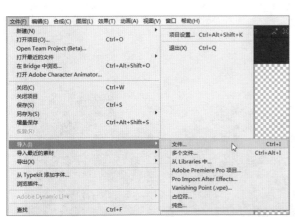

步骤 05 在"项目"面板中可以看到导入的文件，如下左图所示。

步骤 06 在"项目"面板中选中图层，并拖曳至时间轴面板，调整并设置参数，如下右图所示。

步骤 07 操作完成后，在"合成"窗口预览效果，如下左图所示。

步骤 08 在"时间轴"面板的空白处右击，在弹出的快捷菜单中执行"新建>灯光"命令，如下右图所示。

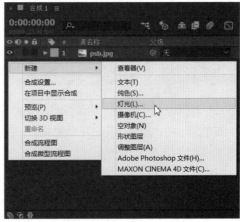

步骤 09 在弹出的"灯光设置"对话框中对参数进行设置，如下左图所示。

步骤 10 操作完成后，在"合成"窗口预览效果，如下右图所示。

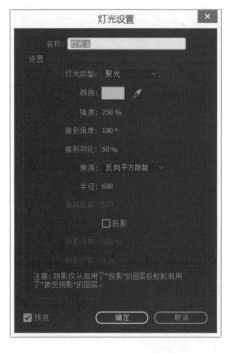

步骤11 在菜单栏中执行"文件>保存"命令，进行保存文件，如下左图所示。

步骤12 在弹出的"另存为"对话框中，选择文件保存位置并输入文件的名字，单击"确定"按钮即可，如下右图所示。

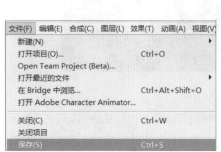

2.2 图层的混合模式

在After Effects中，为图层设置混合模式，可以为影片增加简便、美观的视觉效果，After Effects提供了大量的混合模式以满足用户不同的需求，在"时间轴"面板可以进行混合操作。

2.2.1 正常模式

正常模式分为"正常"、"溶解"、"动态抖动溶解"3种。在设置溶解模式和动态溶解模式时，需要对图像的不透明度进行设置。

选择图层，在菜单栏中执行"图层>混合模式>溶解"命令，如下左图所示。在正常组中选择"溶解"模式，将图层的不透明度设置为50%，如下右图所示。

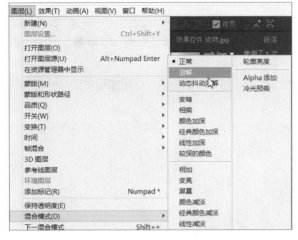

操作完成后即可看到前后对比效果，如下图所示。

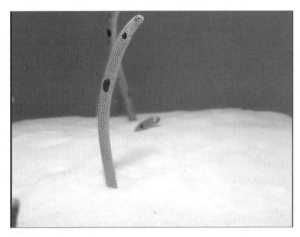

2.2.2 变暗模式

变暗模式主要是将图层颜色变暗，其中包括"变暗"、"相乘"、"颜色加深"、"经典颜色加深"、"线性加深"和"较深的颜色"6种。

选择图层，在菜单栏中执行"图层>混合模式>变暗"命令，如下左图所示。在变暗组中选择"变暗"模式， 操作完成后，便可以查看效果，如下右图所示。

2.2.3 相加模式

相加模式可以使图像中的黑色消失，并使颜色变亮。其中包括"相加"、"变亮"、"屏幕"、"颜色减淡"、"经典颜色减淡"、"线性减淡"和"较浅的颜色"7种。

选择图层，在菜单栏中执行"图层>混合模式>相加"命令，如下左图所示。在相加组中选择"相加"模式，操作完成后，查看设置的效果，如下右图所示。

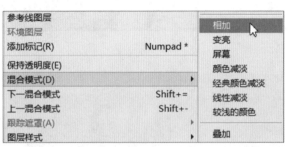

2.2.4 叠加模式

叠加模式在混合时，50%的灰度会完全消失，任何高于50%的区域都可能加亮下方的图层，其中包括"叠加"、"柔光"、"强光"、"线性光"、"亮光"、"点光"和"纯色混合"7种。

选择图层，在菜单栏中执行"图层>混合模式>叠加"命令，如下左图所示。在叠加组择"叠加"模式，操作完成后，查看效果，如下右图所示。

2.2.5 差值模式

差值模式的混合主要是基于源颜色和基础颜色值，其中包括"差值"、"经典差值"、"排除"、"相减"和"相除"5种。

选择图层，在菜单栏中执行"图层>混合模式>差值"命令，如下左图所示。在差值组中选择"差值"模式，操作完成后，查看效果，如下右图所示。

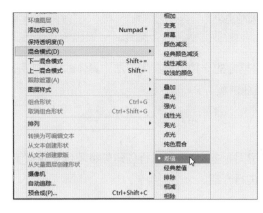 

2.2.6　色相模式

色相模式的混合模式主要是将色相、饱和度以及发光度三要素中的一种或多种应用在图像上，其中包括"色相"、"饱和度"、"颜色"和"发光度"4种。

选择图层，在菜单栏中执行"图层>混合模式>色相"命令，如下左图所示。在色相组中选择"色相"模式，操作完成后，查看效果，如下右图所示。

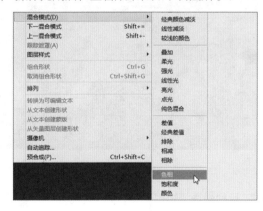 

2.2.7　Alpha模式

Alpha模式作为After Effects中的特有的混合模式，它将两个重叠中不相交的部分保留，将相交的部分透明化，其中包括"模板Alpha"、"模板亮度"、"轮廓Alpha"和"轮廓亮度"4种。

选择图层，在菜单栏中执行"图层>混合模式>模板Alpha"命令，如下左图所示。在Alpha组中选择"模板亮度"模式，操作完成后，查看效果，如下右图所示。

2.3 认识和创建蒙版

使用蒙版可以遮住或者显现图层中的一部分，也是抠像的一种简单实用方法，具体的抠像方法会在后面章节详细讲解。本节将对如何创建和调节蒙版进行详细讲解。

2.3.1 创建蒙版

在创建蒙版时，除了可以创建一个空白蒙版，也可以通过矢量工具进行创建矢量蒙版，或者使用钢笔工具绘制自定义蒙版，以下将对这3种创建蒙版的方法进行介绍。

1. 创建空白蒙版

在"时间轴"面板中选择需要创建蒙版的图层，在菜单栏中执行"图层>蒙版>新建蒙版"命令，如下左图所示。操作完成后，在"时间轴"面板中选中的图层上出现了"蒙版"属性组，如下右图所示。

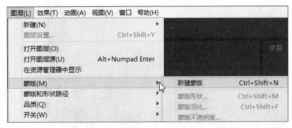
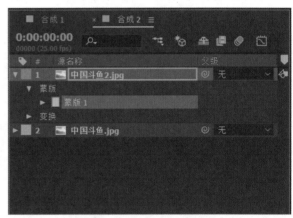

2. 创建矢量蒙版

在"时间轴"面板中选择需要创建蒙版的图层，在工具栏中选择矩形工具，如下左图所示。在"合成"窗口选中一个中心点并拖曳，便可创建一个矢量蒙版，如下右图所示。

3. 创建自定义蒙版

在"时间轴"面板中选择需要创建蒙版的图层，在工具栏中选择钢笔工具，如下左图所示。在"合成"窗口建立一个闭合路径来创建自定义蒙版，如下右图所示。

2.3.2 调节蒙版

蒙版的调节主要是对蒙版的形状和大小进行调节，以下是对这两种调节方式的详细介绍。

1. 形状的调节

蒙版形状的调节主要依靠工具栏中的钢笔工具，可以增加或者减少蒙版的路径点，也可以通过更改路径点的切线方向，以便自由更改形状。当使用钢笔工具修改路径点切线方向之后，可以查看调节形状的效果对比，如下图所示。

2. 大小的调节

蒙版的大小调节和图层的大小调节一样，在"时间轴"面板中选中蒙版所在的图层，拖曳控制点进行大小的调节。在"时间轴"面板中选中需要调节的蒙版，在"合成"窗口中，按住蒙版的控制点，拖曳以进行缩放。按住四角的控制点，向内或者向外拖曳可以缩小或者放大图层，按住另外的四条边上的控制点可以在水平和垂直位置缩放蒙版。操作完成后，可以看到调节大小的效果对比，如下右图所示。

2.4 蒙版的属性

蒙版和图层一样具有多种属性，包括蒙版的混合模式以及蒙版的属性。本节将详细介绍蒙版的混合模式及蒙版属性的更改。

2.4.1 蒙版属性的修改

蒙版覆盖于图层之上，除了图层的5个基础属性外，也具有其他多种属性，可以根据需要进行具体调整。

1. 蒙版路径

在"时间轴"面板中选中建立蒙版的图层，在属性栏中单击"形状"按钮，如下左图所示。弹出"蒙版形状"对话框，对蒙版形状参数进行设置，如下右图所示。

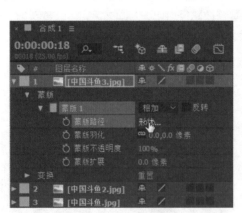
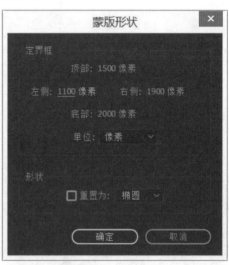

完成上述操作后，观看操作前后效果对比，如下图所示。

2. 蒙版羽化

在"时间轴"面板上选中建立蒙版的图层，在属性栏中选中"蒙版羽化"属性，如下左图所示。即可对蒙版的边缘模糊度进行调整，操作完成后，可以在"合成"窗口进行预览，如下右图所示。

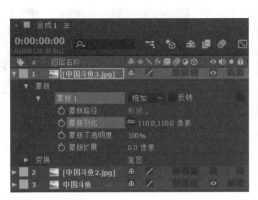

3. 蒙版不透明度

设置蒙版区域的不透明度操作和图层的"不透明度"属性相同。不透明度参数默认为100%，此时图层完全不透明，不透明度的值越小越透明，反之亦然，如左下图所示。操作完成后，效果如下右图所示。

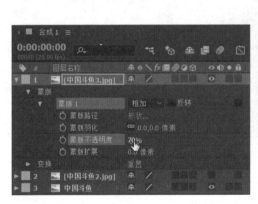

4. 蒙版扩展

蒙版扩展即调整蒙版边缘的内缩与外扩，用户可以不依靠"形状"属性，自由更改蒙版的大小，以强化蒙版内容或者扩大蒙版外缘。对蒙版扩展参数设置，如下左图所示。操作完成后，效果如下右图所示。

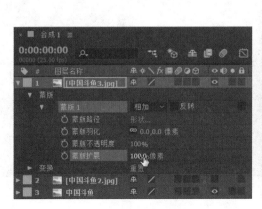

2.4.2 蒙版的混合模式

当一个图层需要建立多个蒙版时，为了更好地表现出不同的效果，可以和图层一样进行混合模式设置，以产生不同的效果。在"蒙版"选项区域中可以修改蒙版的混合方式，如右图所示。

1. "无"模式

该模式会使蒙版失去蒙版的作用，而仅仅作为路径存在，如下左图所示。

2. "相加"模式

该模式是多蒙版的默认模式，在合成中显示所有蒙版，将多个蒙版的不透明度部分进行相加，如下右图所示。

3. "相减"模式

与"相加"模式相反，上方蒙版减去下方蒙版，蒙版区域透明，其他区域不透明，如下左图所示。

4. "交集"模式

只显示两个或者多个蒙版相交的部分，效果如下右图所示。

5. "变亮"模式

该模式需要两个及以上的蒙版，相交部分会选择蒙版中不透明度最高的值作为不透明度值，如下左图所示。

6. "变暗"模式

该模式需要两个及以上的蒙版，相交部分会选择蒙版中不透明度最低的值作为不透明度值，如下右图所示。

7. "差值"模式

该模式需要两个及以上的蒙版，即显示"交集"模式以外的区域，"交集"模式和"差值"模式的对比效果，如下图所示。

知识延伸：父子图层关系

父子图层功能作为After Effects的一个特色，可以将父级图层的变换效果附加到子级图层上，即对父级图层的编辑将同时影响子级图层。但是子级图层所做的编辑对父级图层不造成任何影响，因此可以将多个需要处理的图层合成组，一次性对多个图层进行编辑处理。

父级图层除了不透明度属性外，其他属性均会影响，包括位置、缩放、旋转和方向等。在"时间轴"面板中的"父级"列表中选中需要建立父级的图层，可以清晰地看见子级图层跟随父级图层的属性更改，如下图所示。

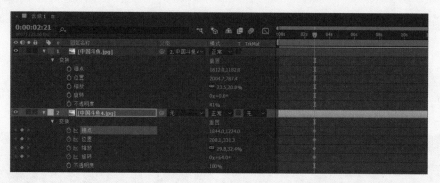

 上机实训：运用图层和蒙版知识拼合素材

　　在学习了上述内容后，本案例将所学的内容运用到实际操作中，利用图层的基本属性以及蒙版的知识进行拼合素材，下面介绍详细地操作步骤。

步骤 01 在菜单栏中执行"合成>新建合成"命令，如下左图所示。

步骤 02 在弹出的"合成设置"对话框中设置相关参数，具体参数设置如下右图所示。

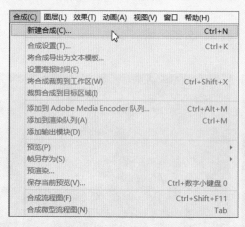
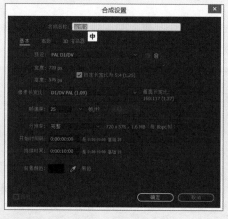

步骤 03 在菜单栏中执行"文件>导入>文件"命令，如下左图所示。

步骤 04 在弹出的"导入文件"对话框中选择需要的素材，如下右图所示。

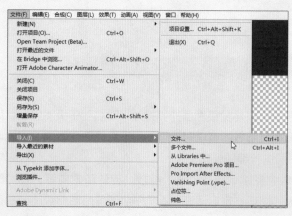

步骤 05 导入文件后，在"项目"面板中对导入的文件进行重命名，如下左图所示。

步骤 06 将"背景"素材拖入"时间轴"面板中，并进行参数设置，如下右图所示。

步骤 07 将"雨水玻璃"素材拖曳至"时间轴"面板，并进行参数设置，如下左图所示。

步骤 08 操作完成后，可以在"合成"窗口进行预览效果，如下右图所示。

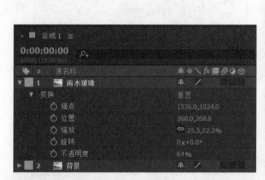

步骤 09 复制背景图层，并将图层拖曳至最顶层，并使用矢量工具创建屋檐的蒙版，如下左图所示。

步骤 10 在创建的屋檐蒙版上进行参数设置，如下右图所示。

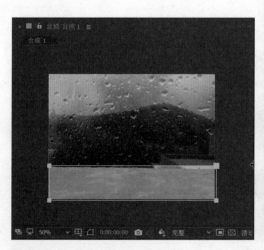
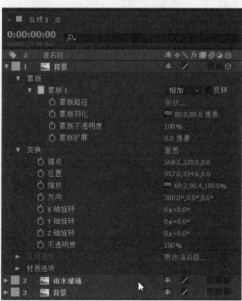

步骤11 在"时间轴"面板中的空白处右击，在弹出的快捷菜单中执行"新建>灯光"命令，如下左图所示。

步骤12 在弹出的 "灯光设置"对话框中进行参数设置，如下右图所示。

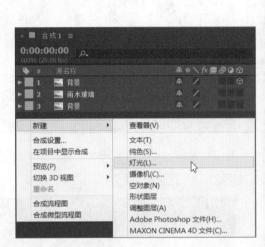
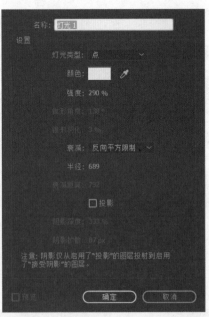

步骤13 上述操作完成之后，可以在"合成"窗口中进行预览效果，如下左图所示。

步骤14 将"咖啡"素材拖入"时间轴"面板，并使用钢笔工具创建"咖啡"主体的蒙版，如下右图所示。

步骤15 蒙版创建完成后，需要对蒙版以及图层进行参数设置，如下左图所示。

步骤16 操作完成之后，可以在"合成"窗口中进行预览，效果如下右图所示。

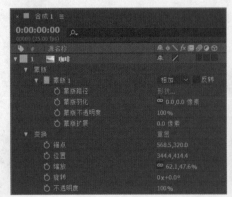

课后练习

1. 选择题（部分多选）

（1）After Effects图层的概念来自以下哪个软件（　　）。

　　A. Adobe Audition　　　　　　　　B. Adobe Photoshop

　　C. Adobe Illustrator　　　　　　　　D. AutoCAD

（2）在After Effects中，用户可以应用（　　）的办法来区分图层。

　　A. 记住它的位置　　　B. 添加标签　　　C. 调整图层次序　　　D. 以上都是

（3）"溶解"模式需要调整以下哪个属性（　　）。

　　A. 不透明度　　　　　B. 位置　　　　　C. 锚点　　　　　D. 旋转

（4）蒙版的建立有（　　）种方法。

　　A. 1　　　　　　　　B. 2　　　　　　C. 3　　　　　　D. 4

（5）父级图层不影响以下哪个属性（　　）。

　　A. 不透明度　　　　　B. 位置　　　　　C. 锚点　　　　　D. 旋转

2. 填空题

（1）使用_____快捷键，可以建立纯色图层。

（2）使用_____模式可以使下方图层需要变亮的区域会自动起作用。

（3）蒙版的形状更改有_____、_____。

3. 上机题

　　根据光盘中的素材文件制作一个相册，运用到的知识点包括导入素材、对图层的属性进行修改，以及使用矢量图形绘制蒙版等。

Chapter 03 关键帧动画

本章概述

关键帧动画在视频的制作中起着最基础、最关键的作用。本章将带领读者了解关键帧方面的知识，包括如何创建关键帧、关键帧的基础操作以及如何快速创建一个关键帧动画。

核心知识点

① 了解关键帧的创建操作
② 熟练使用图表编辑器
③ 熟悉动画路径的调整操作
④ 掌握创建快捷动画方法

3.1 关键帧基本操作

在After Effects中，帧是动画中最小单位的单幅影像画面，关键帧是于指定时间建立的具有运动变化和属性变化的帧节。当时间变化时，这些属性参数也随之变化，同时产生动画效果，而在这些关键帧之间也存在其他帧，通过差值运算使帧之间的过渡以及属性变化显得更加流畅自然。

关键帧是可以独立或者相互作用的，在一个完整的视频制作中，相对应的关键帧动画在路径动画以及文字动画上都得到极大的应用，同时在整个视频的制作中，关键帧发挥着巨大的作用。下图所示时间指示器所指的位置代表了在这一时刻，图层某一属性的数值。时间指示器在第一秒处时，代表了这一图层在这一时刻位置属性的数值为（922,049.0），绕X轴旋转45°，绕Y轴旋转45°。

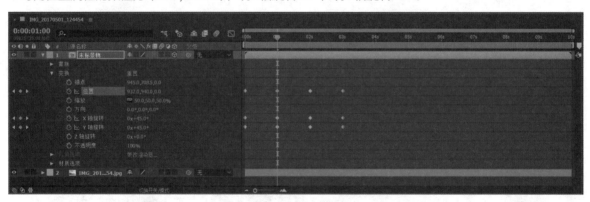

完成上述操作后，观看操作前后效果比对，如下图所示。

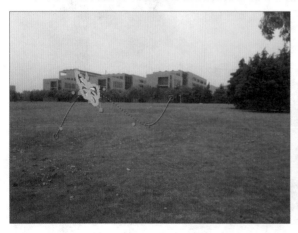

3.1.1 创建和编辑关键帧

既然关键帧十分重要，那么如何去创建一个关键帧并制作动画呢？本节将介绍如何创建关键帧，并根据需要对创建的关键帧进行编辑。

1. 创建关键帧

在"时间轴"面板，单击"时间变化秒表"按钮即可开启关键帧，同时在此刻时间指示器的位置添加一个关键帧，如下左图所示。同时在时间指示器移动到新的位置时，单击"在当前时间添加或移除关键帧"按钮，也可以添加关键帧，如下右图所示。再次单击该按钮，则可以移除当前的关键帧。

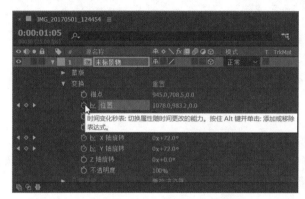 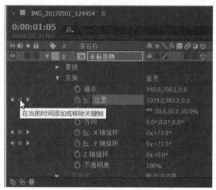

在"时间轴"面板上将时间指示器移动到新的位置，修改出于高亮状态属性的参数，同样可以在此处添加关键帧，如下左图所示。在"效果和预设"面板中添加效果时，也会自动创建关键帧，如下右图所示。

2. 选择、移动关键帧

在"时间轴"面板中单击创建的关键帧，当其处于高亮状态时即表示该关键帧已被选中，如下左图所示。也可以用鼠标拖动框选多个关键帧，如下右图所示。

 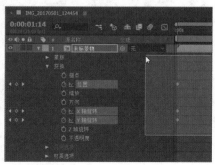

在"时间轴"面板中选中单个关键帧或者框选多个关键帧之后，按住鼠标左键将其拖动到指定位置，则需要将时间指示器拖动到预定位置，把关键帧拖移过去时会自动吸附。完成上述操作后，观看效果比对图如下图所示。

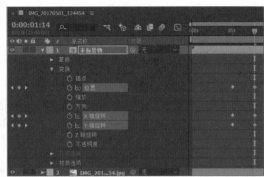

3. 删除关键帧

在"时间轴"面板中将时间指示器拖动到需要移除的关键帧处，再次单击"在当前时间添加或移除关键帧"按钮既可移除该关键帧，如下左图所示。单击按钮后发现"在当前时间添加和移除关键帧"按钮不再处于高亮状态，表示关键帧已经删除，如下右图所示。

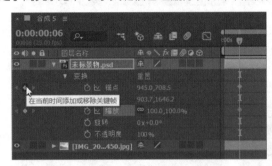

在"时间轴"面板中选中关键帧之后，按下键盘上的Delete键可以删除选中的关键帧，或者再次单击"时间变化秒表"按钮，可以删除整个属性的关键帧。

4. 复制和粘贴关键帧

当需要制作大量重复的动作时，不需要进行繁琐地创建关键帧并设置参数，选中需要重复的关键帧，按Ctrl+C快捷键进行复制，将时间指示器移动到预定位置，按Ctrl+V快捷键粘贴即可，如下图所示。在进行多次复制粘贴后，实现将动作进行大量复制。

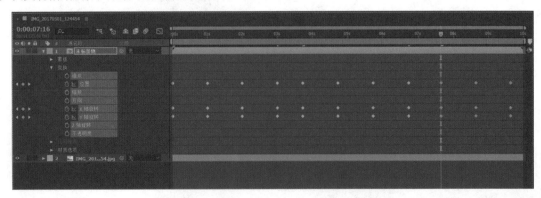

3.1.2　图表编辑器

图表编辑器可以任意控制物体运动的节奏，使物体的运动能有一个渐入渐出的缓冲效果，让物体的运动显得更加真实。在"时间轴"面板中单击"图表编辑器"按钮，如下左图所示。打开"图表编辑器"面板，如下右图所示。

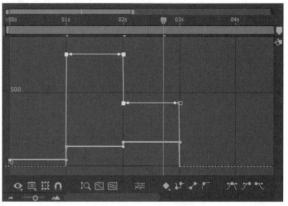

在设置了属性关键帧后，After Effects会在两个关键帧之间插入过渡值，这个过渡值被称为插值，插值的连续才有了动画的生成。在"图表编辑器"面板里可以看到两个关键帧之间的插值，如果两个关键帧之间是直线则为匀速运动，如果为曲线则为加速运动。但是这并不是绝对的，在"图表编辑器"面板中对插值法进行修改，例如在草地上翩飞的蝴蝶，生硬的直线运动显得极不自然，因此需要在"图表编辑器"面板里面进行修改，如下右图所示。修改完成之后，在"时间轴"面板上看到在每一个关键帧的前面添加了缓冲关键帧，在"合成"窗口预览会发现整体运动效果比直线运动好很多。

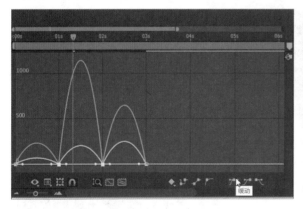
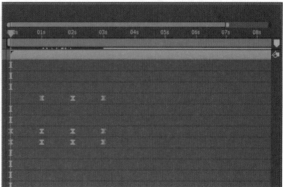

3.2　调整动画路径

在运动过程中，除了需要在"图表编辑器"面板中对插值进行处理使运动路径变得平缓，同时也需要对运动的路径进行修改。这时需要一个可视化的修改方法，所改即所见，那就需要在"合成"窗口中对路径进行修改，本节以"位置"属性为例进行讲解。

3.2.1　改变动画运动路径

在"合成"窗口，我们可以看到位置之间的插值一般会自动选取最优插值，同时也确定两点之间的运动切线方向，如下左图所示。有时候这并不是我们所要的，此时可以对路径的切线方向做修改，拖曳切线的控制点即可，在"合成"窗口中看到蝴蝶的运动轨迹已经随着切线方向的修改做了改变，如下右图所示。

3.2.2　自动定向运动路径

在使用图表编辑器进行缓冲修改以及对路径的切线方向进行修改后，发现蝴蝶仅仅只能沿着路径移动，而不能随着时间的变化改变其本身的方向，这时就需要进行自动定向。在"时间轴"面板中选择蝴蝶图层，在菜单栏中执行"图层>变换>自动定向"命令，如下左图所示。在弹出的"自动方向"对话框中选择"沿路径定向"单选按钮，即可实现蝴蝶在沿着路径运动时，也能改变其头部本身运动的朝向。

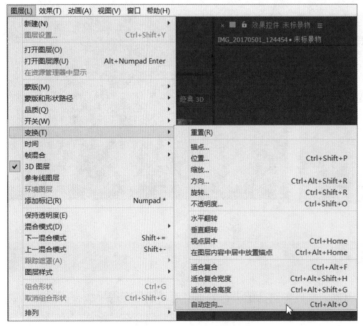

完成上述操作后，观看操作前后效果对比，如下图所示。

实战练习 **制作跑道上的小车动画**

本案例将通过对小车设置关键帧，使小车可以跑动起来，下面将介绍详细操作步骤。

步骤01 在菜单栏中执行"合成>新建合成"命令，如下左图所示。

步骤02 在弹出的"合成设置"对话框中设置相应参数，具体参数如下右图所示。

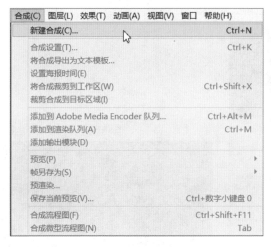

步骤03 在菜单栏中执行"文件>导入>文件"命令，如下左图所示。

步骤04 在弹出的"导入文件"对话框中选择需要导入的文件，如下右图所示。

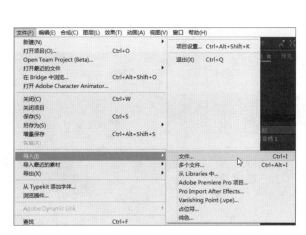

步骤 05 单击"导入"按钮，在"项目"面板中选择导入的文件并将其拖曳至新建的合成，设置参数，如下左图所示。

步骤 06 完成上述操作后，可以在"合成"窗口中进行预览效果，如下右图所示。

 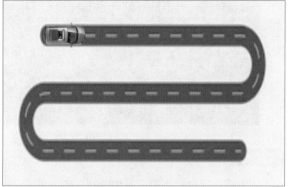

步骤 07 选中小车图层，在菜单栏中执行"图层>变换>自动定向"命令，如下左图所示。

步骤 08 在弹出的"自动方向"对话框中选择"沿路径方向"单选按钮，如下右图所示。

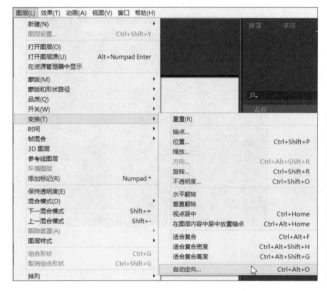 

步骤 09 分别在第一秒、第二秒、第三秒、第四秒和第五秒处设置关键帧，位置参数分别为（188.0，580.0）、（2245.0，586.0）、（2971.0，958.0）、（2643.0，1224.0）和（1899.0，1224.0），如下图所示。

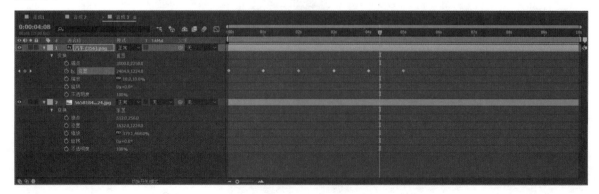

步骤10 上述操作完成后，在"合成"窗口中进行预览，可以看到小车在前进的同时，到达弯道进行了自动转向，如右图所示。

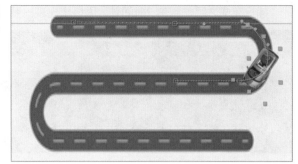

3.3 创建快捷动画

视频动画是关键帧和图层属性的结合，除此之外，也可以通过光标在"合成"窗口中拖动需要创建动画的图层来实现，这称为快捷动画。

3.3.1 运动速写

运动速写，即直接使用光标绘制运动路径，当需要创建一个位置运动变化的动画且运动轨迹比较复杂时，可以使用该功能。

在"时间轴"面板中选中需要建立运动轨迹的图层，然后将时间指示器移动到开始位置，单击"位置"属性左侧"时间变化秒表"按钮，如下左图所示。接着在菜单栏中执行"窗口>动态草图"命令，如下右图所示。

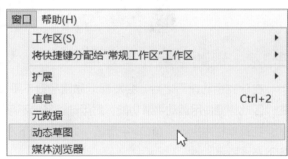

在弹出的"动态草图"面板中，进行参数设置，如下左图所示。单击"开始捕捉"按钮之后，按住需要进行设置运动轨迹的图层在"合成"窗口中拖动，如下右图所示。

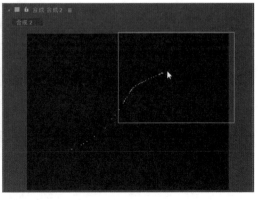

捕捉完成之后，会在"时间轴"面板上出现一系列的关键帧，如下图所示。

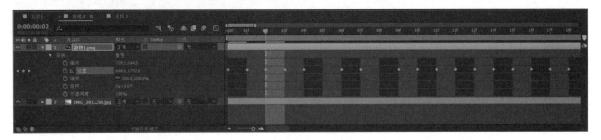

同时可以在"合成"窗口中看到一系列的路径点，如下图所示。

3.3.2 运动平滑

在建立运动速写之后，会发现运动路径很不平滑，这是由于鼠标的灵活性限制的，而且是不可避免的，因此需要使用运动平滑功能，对运动路径的不平滑进行平滑处理。

在菜单栏中执行"窗口>平滑器"命令，如下左图所示。在弹出的"平滑器"面板中进行参数设置，如下右图所示。

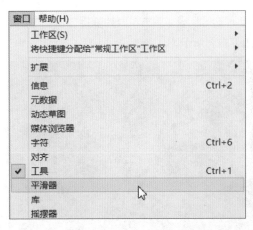

完成上述操作后，查看设置运动平滑前后效果对比，如下图所示。

3.3.3　路径抖动

在现实中，蝴蝶的飞行并不是单一地沿着一个既定路线进行，而是一个上下振动翅膀抖动的运动，这里就需要路径抖动。在菜单栏中执行"窗口>摇摆器"命令，如下左图所示。在弹出的"摇摆器"面板中进行参数设置，如下右图所示。

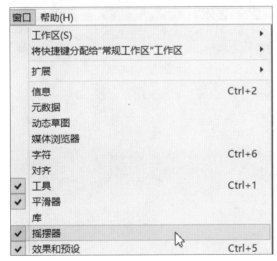
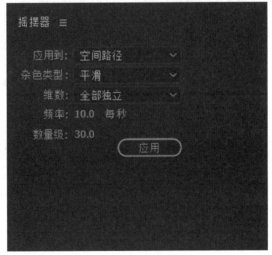

完成上述操作后，查看设置路径抖动前后效果对比，如下图所示。

知识延伸：存储关键帧数据

在一个视频的制作中，如果制作的周期比较长，同时存在大量重复的关键帧，可以在"时间轴"面板中选择或者框选需要重读的关键帧，直接进行复制粘贴操作。有时候需要将关键帧储存起来，用笔或者直接记忆是非常麻烦的，可以在复制关键帧后，在Word、TXT等文本软件中进行粘贴，关键帧数据会以数据的形式出现。复制视频中的关键帧，如下图所示。

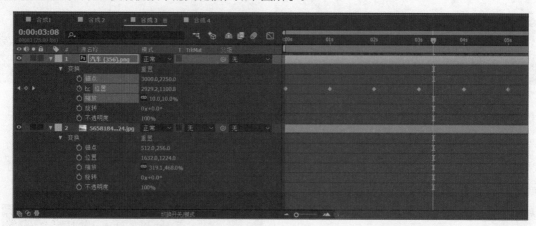

然后将复制的关键帧数据粘贴到新建的TXT文档中，如下图所示。

 上机实训：制作翩飞的蝴蝶动画

本案例将制作一个随着时间变化而翩飞的蝴蝶动画，主要运用三维动画的三个坐标轴的变化来表现处复杂的动作。下面介绍具体的操作方法。

步骤 01 在菜单栏中执行"合成>新建合成"命令，如下左图所示。

步骤 02 在弹出的"合成设置"对话框中设置相应的参数，具体参数设置如下右图所示。

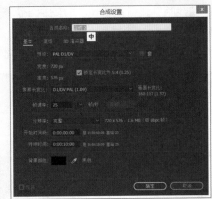

步骤 03 在菜单栏中执行"文件>导入>文件"命令，如下左图所示。

步骤 04 在弹出的"导入文件"对话框中选择需要的文件，如下右图所示。

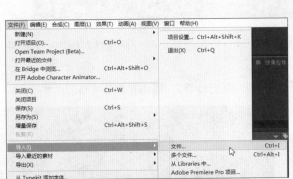

步骤 05 单击"导入"按钮，可以在"项目"面板中看到导入的文件，如下左图所示。

步骤 06 将素材拖曳到"时间轴"面板中，并进行参数设置，如下右图所示（以下部分为身体部分和右侧翅膀的初始属性数值）。

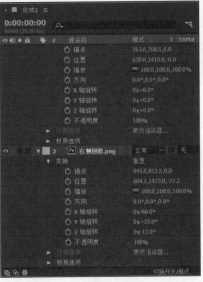

步骤07 将"左侧翅膀"素材拖曳到"时间轴"面板中，并进行参数设置，如下左图所示（以下部分是左侧翅膀和背景部分的初始属性数值）。

步骤08 完成上述操作后，可以在"合成"窗口中预览效果，如下右图所示。

步骤09 在蝴蝶的身体部分、右侧翅膀和左侧翅膀的开始位置分别单击X、Y、Z轴旋转左侧的"时间变化秒表"图标，如下左图所示。

步骤10 在第一秒处创建蝴蝶的身体部分、右侧翅膀和左侧翅膀的关键帧，具体参数如下右图所示。

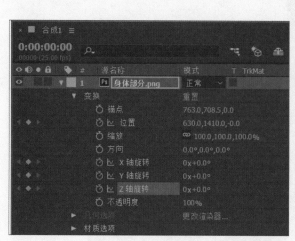 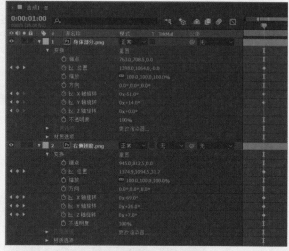

步骤11 在第一秒处创建蝴蝶的身体部分、右侧翅膀和左侧翅膀的关键帧，具体参数如右图所示。

步骤 12 在第二秒处创建蝴蝶的身体部分、右侧翅膀和左侧翅膀的关键帧，具体参数如下图所示。

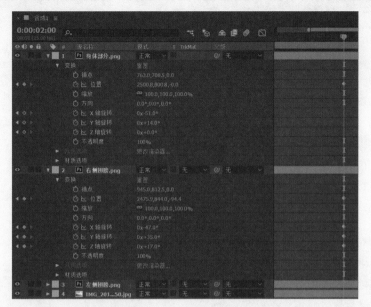

步骤 13 在第二秒处创建蝴蝶的身体部分、右侧翅膀和左侧翅膀的关键帧，具体参数如下图所示。

步骤 14 操作完成后，在"合成"窗口中预览，可以看到一个翩飞的蝴蝶，如下图所示。

课后练习

1. 选择题（部分多选）

（1）单击（　　）可以创建关键帧。

  A. 时间变化秒表   B. 平滑器

  C. 摇摆器   D. 图表编辑器

（2）用（　　）可以快速创建复杂的动画。

  A. 自动运动   B. 动态草图

  C. 平滑器   D. 摇摆器

2. 填空题

（1）当需要运动对象和运动路径同方向时，可以执行＿＿＿＿＿命令完成。

（2）在运动速写之后需要＿＿＿＿＿实现运动平滑。

（3）改变运动路径是修改＿＿＿＿＿。

（4）路径抖动的作用是＿＿＿＿＿。

3. 上机题

  运用光盘中第三章的素材制作出下图所示效果，通过对不透明度设置关键帧，并多次复制关键帧，使得矢量图形小星星达到一闪一闪的效果。

操作提示

通过更改形状的不透明度来实现闪烁，同时预习关于关键帧的内容。

Chapter 04 文字和形状

本章概述

文本和形状在视频制作中起着重要的作用，用于丰富视频的内容，增加了可视性。本章着重介绍关于文本的创建与编辑，也将带领读者熟悉预设的文本动画并创建新的文本动画，以及关于形状的相关知识。

核心知识点

1. 了解文本的创建和编辑
2. 了解文本属性的设置
3. 熟悉预设文本动画的使用
4. 了解形状的创建和修改
5. 熟悉形状组和形状属性

4.1 文字的创建和编辑

在After Effects中，文字是视频效果的重要组成部分，作为信息传达的基本形式，文字可以直观地表达出图像以及视频中的内容。同时文字也可以配合动画制作出漂亮的创意作品。如果在视频的开头使用文字和光效结合的方法可以给人留下深刻的印象，如下图所示。

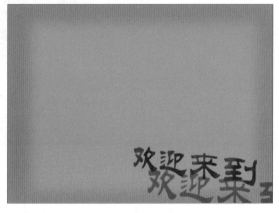

4.1.1 文本的创建

在After Effects中，提供了多种文本创建的方法，分别为文字工具创建、文本图层创建和菜单栏命令创建，本节将逐一介绍这几种创建文本的方法。

1. 文字工具创建

在工具栏中可以选择创建横排或者竖排文字（默认为横排文本，按Ctrl+T快捷键可以改为竖排文本），如右图所示。

在"合成"窗口单击并输入文字即可，如下左图所示。一般情况下，默认为字符文本，如果需要创建文本框，在"合成"窗口中按住鼠标左键拖曳建立文本框，然后输入文字，如下右图所示。

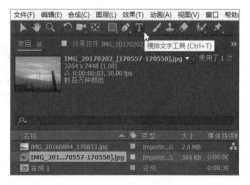

2. 文本图层创建

用户可以在"时间轴"面板中任意位置右击，在快捷菜单中执行"新建>文本"命令，便可以建立文本图层，如下左图所示。在"合成"窗口中定位需要创建文本的位置，输入文字即可，如下右图所示。

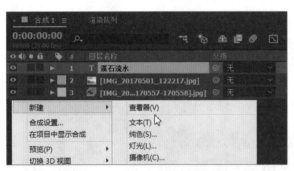

3. 命令创建

用户也可以执行菜单栏的命令创建文本图层并输入文字。在菜单栏中执行"图层>新建>文本"命令，如下左图所示。在"合成"窗口中单击并输入文字，如下右图所示。

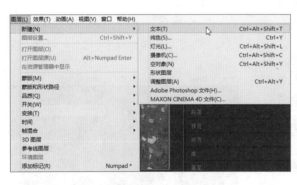

4.1.2　文本的编辑

创建文本之后，如果需要对文本的内容进行修改，可以使用以下几种方法。

1. 使用文字工具修改

在工具栏选择相应的文字工具，然后选中需要修改的文本，此时文本处于可编辑状态，修改文本即可，如下左图所示。

2. 使用文本图层修改

选中需要修改的文本图层并双击，自动选择相应的文字工具，然后在"合成"窗口中修改即可，如下右图所示。

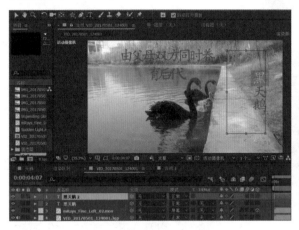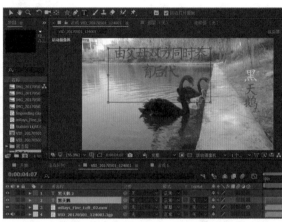

3. "合成"窗口修改

在"时间轴"面板中选中文本图层，在"合成"窗口中直接双击文本，文本被框选，然后进行修改文本即可。

4.2　文字格式及属性设置

在After Effects中，用户可以根据需要对文本的字符格式和段落格式进行设置，将字符格式和段落格式进行自由组合可以得到不同的效果，将基础的变换组合成复杂的效果也是After Effects的一大特色。文本作为图层的一种，除了具有图层的5项基本属性之外也有自己独特的属性，本节将做详细介绍。

4.2.1　字符格式设置

字符的格式设置主要是在"字符"面板中进行，在菜单栏中执行"窗口>字符"命令，如下左图所示。可以调出"字符"面板，或者按Ctrl+6快捷键快速调出"字符"面板，如下右图所示。在该面板中用户可以对字符的字体、颜色、描边、字间距等格式进行设置。

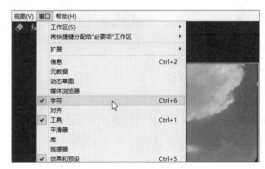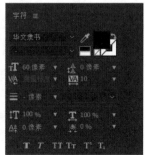

4.2.2 段落格式设置

段落的格式设置主要是在"段落"面板中进行。在菜单栏中执行"窗口>段落"命令,如下左图所示。或者按Ctrl+7快捷键,快速调出"段落"面板,如下右图所示。

4.2.3 文本图层属性

和常规图层一样,文本图层不仅有"锚点"、"位置"、"缩放"、"旋转"以及"不透明度"这5项基本属性,也有其单独的属性。

1. 动画属性

在"时间轴"面板上的文本图层中单击"动画"下三角按钮,如下左图所示。在下拉列表中有各种属性选项,以"锚点"为例,会在文本属性栏中显示关于"锚点"的属性设置,如下右图所示。用户可以根据需要在列表中选择属性,对文本进行更多的设置。

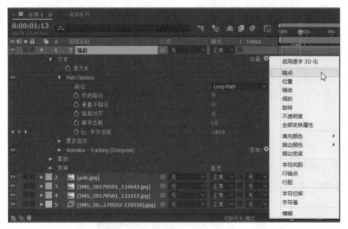

2. 源文本属性

在"时间轴"面板的"源文本"属性左侧单击"时间变化秒表"按钮开启此属性,可以在不新建文本图层的情况下在"时间轴"面板的不同位置创建关键帧,并在不同的关键帧处输入不同的文本内容,而不会更改文本的动画特效和基础属性,从而省去创建文本进行的繁琐设置。下图所示是在"时间轴"面板的不同位置分别创建了源文本的关键帧。

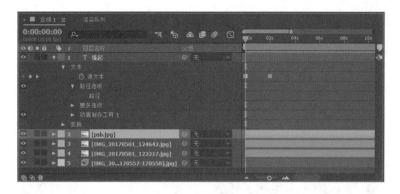

在两个关键帧中键入不同的文字，操作完成后，即可在"合成"窗口中进行预览，如下图所示。在同
一个文本图层中不同关键帧处出现了不同的文字，用户可以根据需要为两个关键帧处的文本添加相同或者
不同的特效。

3. 路径

当文本应用路径排列后，可以进行路径设置，如对路径进行"反转路径"、"垂直于路径"、"强制对
齐"、"首字/末字边距"处理，如下左图所示。除此之外，还可以在"效果和预设"面板中设置路径的动
画，如下右图所示。

4. 更多选项

在"更多选项"区域中还可以设置文本的锚点分组方式、分组对齐、填充和描边方式以及字符间混合
模式等设置，如下图所示。

实战练习 创建文本图层的动画效果

本案例利用文本图层的基础属性，制作简单的文本动画效果，即在文本旋转的同时变换文本，操作步骤如下。

步骤 01 在菜单栏中执行"合成>新建合成"命令，如下左图所示。

步骤 02 在弹出的"合成设置"对话框中设置相关参数，具体参数如下右图所示。

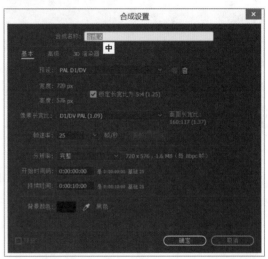

步骤 03 在"时间轴"面板的空白处右击，在弹出的快捷菜单中执行"新建>文本"命令，如下左图所示。

步骤 04 在"合成"窗口中键入文字，如下右图所示。

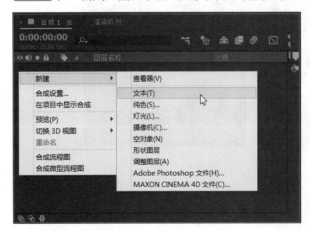

步骤 05 在菜单栏中执行"窗口>字符"命令，弹出"字符"面板，参数设置如下左图所示。

步骤 06 在"时间轴"面板中设置"源文本"参数，在00:00:00:00处设置关键帧，如下右图所示。

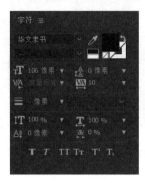

步骤 07 在"时间轴"面板中设置"源文本"参数，在00:00:02:00处设置关键帧，并在此关键帧的"合成"窗口文本位置修改文本为"动物世界"，如下左图所示。

步骤 08 在"合成"窗口中预览效果，可见在00:00:04:00处看到原来的文字发生了变化，如下右图所示。

步骤 09 在"时间轴"面板中设置"y轴旋转"参数，在00:00:00:00处设置关键帧，如下图所示。

步骤 10 在"时间轴"面板中设置"y轴旋转"参数，在00:00:02:00处设置关键帧，如下图所示。

步骤 11 在"时间轴"面板中设置"y轴旋转"参数，在00:00:04:00处设置关键帧，如下图所示。

步骤12 在"时间轴"面板空白处右击，在弹出的快捷菜单中执行"新建>纯色"命令，如下左图所示。

步骤13 在弹出的"纯色设置"对话框中设置参数，如下右图所示。

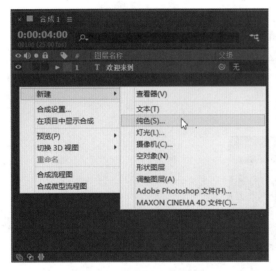 

步骤14 再次在"时间轴"面板空白处右击，在弹出的快捷菜单中执行"新建>纯色"命令，如下左图所示。

步骤15 在弹出的"纯色设置"对话框中设置参数，如下右图所示。

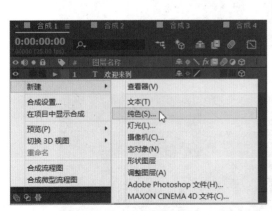 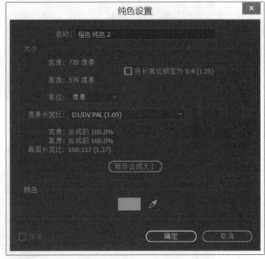

步骤16 选择第二个新建的纯色图层，在工具栏选择圆角矩形工具，并绘制蒙版，如下左图所示。

步骤17 在"时间轴"面板中对蒙版进行参数设置，如下右图所示。

步骤18 上述操作完成之后，可以在"合成"窗口中进行效果预览，如下图所示。

4.3　文字动画

　　让文字动起来最简单的方法就是使用预设文本动画，在After Effects中提供了大量的预设文本动画来满足用户的需要，同时也可以根据需要创建文本动画并通过文本动画控制器进行调整。

4.3.1　预设文字动画

　　在菜单栏中执行"窗口>效果和预设"命令或者按Ctrl+5快捷键打开"效果与预设"面板，如下左图所示。一般默认出现在软件界面的最右侧，在"效果和预设"面板中展开"动画预设"选项区域中Text选项，可以看到大量的预设文本动画，如下右图所示。

　　用户可以根据需要使用这些预设动画，方法是将预设动画直接拖曳到文本图层中，可以在"项目"面板中对特效的参数进行修改，也可以在"时间轴"面板中将文本图层展开，在效果属性中修改。

　　由于包含大量的预设动画，可以在"效果和预设"面板的搜索栏中对所需的特效进行搜索而不用很麻烦地逐个查找。搜索栏还会智能保存最近的搜索选项，也可以设置常用的选项而不用再次输入查找。

- 3D Text（3D文本）：3D文本主要用来设置文本的3D特效。
- Animate in（入屏动画）：这个特效主要设置文字的进入效果。
- Animate out（出屏动画）：这个预设动画主要用来设置文字的淡出效果。
- Blurs（文字模糊）：在文字的出入时可以进行模糊化处理。
- Curves and Spins（曲线和旋转）：如果需要将文字进行扭曲和旋转可以选择这个预设动画。
- Expressions（表达式）：这里运用到了表达式来表现文本特效。
- Fill and Stroke（填充和描边）：对文本进行填充和描边以达到文本色彩变化的效果。
- Graphical（绘画）：将文字进行描绘并加上随机滑移以造成令人紧张的意境。
- Lights and Optical（光效）：对文字进行光效处理，使作品能够给人留下深刻的印象。
- Mechanical（机械）：这个预设动画主要是做一些机械运动和物理运动。
- Miscellaneous（混合）：混合运动不仅用于图像中，也可以用于文本。
- Multi-line（多行）：当存在多行文字时，单排字符预设动画已经不能满足需要，所以这个时候需要使用多行文字预设动画。
- Organic（组织）：这是一个对自然进行模拟的动画，包括了生物、元素以及季节等。
- Paths（路径）：可以快速建立路径动画。
- Rotation（旋转）：旋转作为一个基本属性，同样可以做预设对文字创建动画。
- Scale（大小）：设置文字的大小。
- Tracking（跟踪）：设置文字跟踪效果。

4.3.2　文本动画的创建

　　当预设动画不能满足需要时，或者用户想自己创建动画，可以根据需要创建文本动画，一般来说，文本动画的创建有以下几个方法。

1. 文本图层创建

　　在文本图层属性栏中，单击"动画"下三角按钮，在下拉列表中选择需要的属性创建文本动画，如下左图所示。

2. 命令创建

　　在菜单栏中执行"动画>动画文本"命令，在子菜单中选择所需的属性创建文本动画，如下右图所示。

4.3.3 文本控制器

在创建文本动画后，系统会依据选择的属性自动创建文本控制器，用户可以对属性进行修改，当然也可以在菜单栏执行"动画>添加文本选择器"命令，在子菜单中选择需要的文本控制器。

1. 范围控制器

范围控制器主要是控制文本的移动范围，在"时间轴"面板上单击"添加"下三角按钮，在下拉列表中选择"选择器>范围"选项，即可打开范围控制器，如下图所示。

在"范围选择器"选项区域中，可以修改属性或对文本动画的范围进行控制，如下图所示。

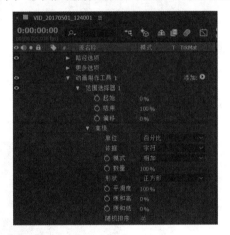

2. 摆动控制器

摆动控制器主要是控制文本的抖动，在"时间轴"面板上单击"添加"下三角按钮，在下拉列表中选择"选择器>摆动"选项，即可打开摆动控制器，如下图所示。

实战练习 **预设动画的应用**

本节介绍了After Effects中的预设动画，本案例将介绍预设动画的具体应用。下面将向读者介绍为文字添加"子弹头列车"预设动画的操作方法，具体步骤如下。

步骤 01 在菜单栏中执行"合成>新建合成"命令，如下左图所示。

步骤 02 在弹出的"合成设置"对话框中设置相应参数，如下右图所示。

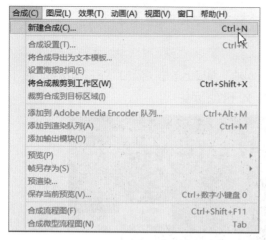 

步骤 03 在菜单栏执行"文件>导入>文件"命令，或者按Ctrl+I快捷键，导入文件，如下左图所示。

步骤 04 选择需要的文件，单击"导入"按钮后可以在"项目"面板中看到导入的文件，将其拖曳至"时间轴"面板，如下右图所示。

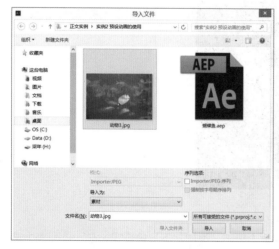 

步骤 05 然后进行参数设置，在"合成"窗口中预览效果，如下左图所示。

步骤 06 在"时间轴"面板的空白处右击，在弹出的快捷菜单中执行"新建>文本"命令，如下右图所示。

 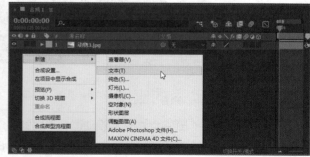

步骤 07 在"合成"窗口输入文字"蝴蝶鱼",如下左图所示。

步骤 08 在菜单栏中执行"窗口>字符"命令,如下右图所示。

 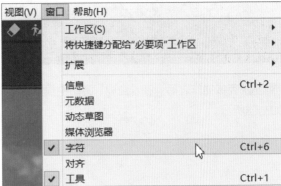

步骤 09 在弹出的"字符"面板中进行参数设置,如下左图所示。

步骤 10 设置完成后,在"合成"窗口中进行预览,如下右图所示。

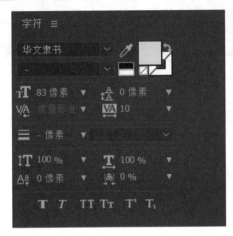 

步骤 11 在菜单栏中执行"窗口>预设和效果"命令,如下左图所示。

步骤 12 在弹出的"效果和预设"面板的搜索栏中输入"子弹头列车",搜索该特效,如下右图所示。

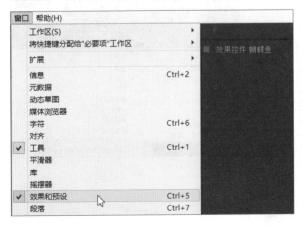 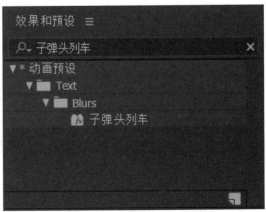

步骤 13 将"子弹头列车"特效应用于文本图层并进行参数设置,在偏移属性下的第0秒和第1秒分别设置偏移量为-100%和100%,如下图所示。

步骤 14 完成操作之后，在"合成"窗口中预览特效，如右图所示。

4.4 形状的创建

形状图层是在After Effects中建立的矢量图形，以达到丰富画面的作用，作为一个独立的图层，可以在作品中做遮罩。本节将介绍创建形状图层的方法和相关属性设置。

4.4.1 创建形状图层

在菜单栏中执行"图层>新建>形状图层"命令，如下左图所示。或者在"时间轴"面板上的空白处右击，在弹出的快捷菜单中执行"新建>形状图层"命令，如下右图所示。均可创建一个形状图层。

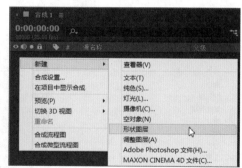

4.4.2 形状工具

形状工具提供5种基础的图形，分别为矩形、圆角矩形、椭圆、多边形，星形。在工具栏中选择矩形工具，如下左图所示。在"合成"窗口合适的位置进行拖曳创建形状，如下右图所示。如果绘制正方形或正圆，可以按住Shift键不放拖曳即可。

4.4.3　钢笔工具

使用钢笔工具可以自由创建形状，在工具栏中选择钢笔工具，同时显示钢笔工具属性栏，如下左图所示。接下来使用钢笔工具绘制需要的形状即可，如下右图所示。

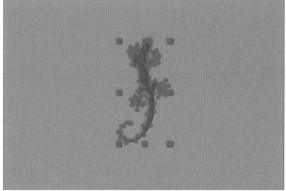

4.4.4　形状属性

创建一个空白形状图层，其所具有的属性只有常规的5个属性，但是若创建了内容，会出现其他属性，和文本图层一样，形状图层有一些特有的属性。

- **路径属性**：路径属性用于设置路径关键帧，建立路径动画，如下左图所示。
- **描边属性**：描边属性主要是对形状进行描边，建立描边关键帧动画，同样可以达到非常好的效果，如下右图所示。

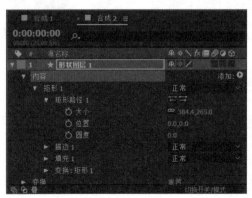
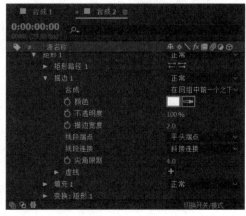

● **填充属性**：该属性主要是对形状进行填充，通过填充颜色可以达到美化的效果，如下左图所示。
● **变换属性**：该属性涵盖了基本的5项属性，还有倾斜和倾斜轴这两个属性，以丰富属性的种类，如下右图所示。

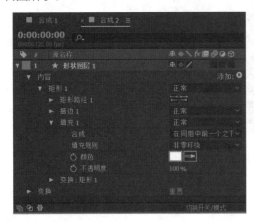 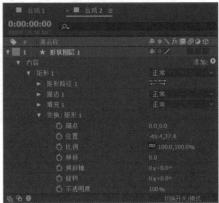

 ## 知识延伸：固态层

在After Effects中，空白图层可以作为一个调节图层，固态层也可以作为调节图层。其实细心的读者会发现，在实际操作中，创建纯色图层时，会在"项目"面板中自动创建一个固态层文件夹，而创建的纯色图层就在这个文件夹中，如下左图所示。纯色图层不仅可以作为纯色背景，还可以在此图层的基础上创建形状，添加特效等，相当于一个载体，承载着特效本身。在固态层上添加蒙版，同时添加"粒子运动场"和"高斯模糊"特效，可以制作出烟雾特效，如下右图所示。

 ## 上机实训：制作字幕动画

学习了本章知识后，下面制作一个字幕动画的案例。在本案例中用到的知识包括新建合成、导入文件、新建文本图层、新建形状图层等。

步骤01 在菜单栏中执行"合成>新建合成"命令，如下左图所示。

步骤 02 在弹出的"合成设置"对话框中设置相应参数,如下右图所示。

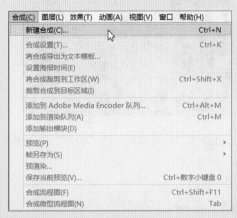

步骤 03 在"时间轴"面板的空白处右击,在弹出的快捷菜单中执行"新建>形状图层"命令,如下左图所示。

步骤 04 在工具栏中选择圆角矩形工具,绘制一个圆角矩形形状,如下右图所示。

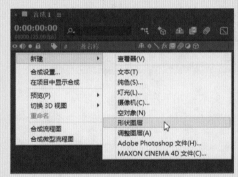

步骤 05 在"时间轴"面板中对新建的形状图层参数进行设置,如下左图所示。

步骤 06 在"时间轴"面板中将时间指示器移动到最开始的位置,对圆角矩形的"位置"属性设置关键帧,如下右图所示。

步骤 07 在"时间轴"面板中将时间指示器移动到第10帧位置,对圆角矩形的"位置"属性设置关键帧,如下左图所示。

步骤 08 在"时间轴"面板中将时间指示器移动到第15帧位置,对圆角矩形的"位置"属性设置关键帧,如下右图所示。

步骤 09 在"时间轴"面板中将时间指示器移动到第20帧位置，对圆角矩形的"位置"属性设置关键帧，如下左图所示。

步骤 10 在菜单栏中执行"窗口>效果和预设"命令，如下右图所示。

步骤 11 在"效果和预设"面板的搜索栏中输入"斜面"文本，如下左图所示。

步骤 12 将搜索的第一个预设动画应用于形状图层，在"效果控件"面板中删除第二个特效，同时对第一个特效进行参数设置，如下右图所示。

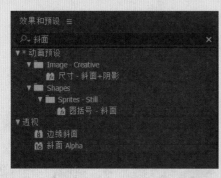

步骤 13 上述操作完成之后，在"合成"窗口中进行预览，如下左图所示。

步骤 14 在"时间轴"面板空白处右击，在弹出的快捷菜单中执行"新建>文本"命令，如下右图所示。

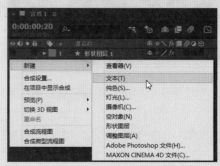

步骤15 在"合成"窗口中输入文本"小丑鱼",如下左图所示。

步骤16 在菜单栏中执行"窗口>字符"命令,如下右图所示。

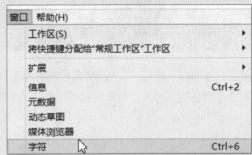

步骤17 在"字符"面板中对文本进行设置,如下左图所示。

步骤18 在"时间轴"面板中对文本图层进行参数设置,如下右图所示。

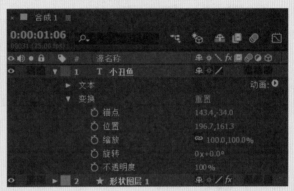

步骤19 在"效果和预设"面板的搜索栏中输入"打字机",如下左图所示。

步骤20 将搜索结果中第一个预设动画应用于文本图层,在"时间轴"面板中调整关键帧,如下右图所示。

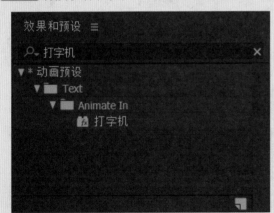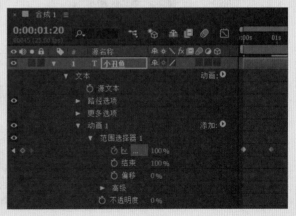

步骤21 在"时间轴"面板中选择文本图层,按Ctrl+D快捷键,复制文本图层两次,并将文本内容改为"生活中"、"珊瑚礁中",如下左图所示。

步骤22 在"时间轴"面板中将文本图层的入点、出点和持续时间进行修改,如下右图所示。

步骤 23 在菜单栏中执行"文件>导入>文件"命令，如下左图所示。

步骤 24 在弹出的"导入文件"对话框中选择需要的文件，单击"导入"按钮，如下右图所示。

步骤 25 将导入的文件拖曳至"时间轴"面板，并进行参数设置，如下左图所示。

步骤 26 上述操作完成之后，在"合成"窗口中进行预览，如下右图所示。

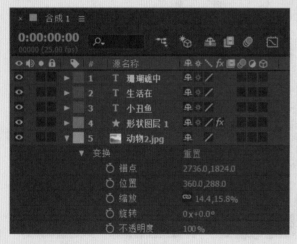 

课后练习

1. 填空题

（1）一般情况下，默认输入的文本都是_____。

（2）创建段落文本时，需要拖曳出_____。

（3）3D文本主要用于_____，曲线和旋转主要用于_____。

（4）使用_____可以自由创建形状。

（5）_____可以使文本在不同的位置建立关键帧，在不需要新建文本的情况下，在任一时间轴位置修改文本内容。

2. 上机题

在本上机题中，读者需要自己去尝试探索使用TrKMat轨道遮罩来制作文字动画效果。

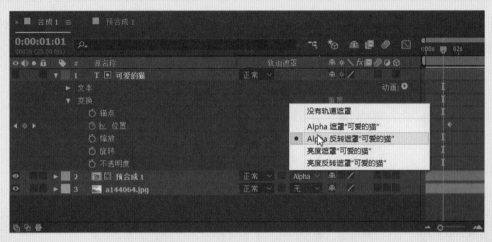

操作完成后，出现下图所示的效果。

Chapter 05　调色与抠像

本章概述

在影视剧的制作中，经常需要对拍摄素材的颜色做调整，不同的颜色传达不同的情感，合理地调整可以达到很好地情感和视觉表达。抠像技术被广泛运用，是因为在素材中总有一些不需要的部分。

核心知识点

❶ 了解色彩的基础知识
❷ 熟悉颜色校正特效
❸ 熟练使用钢笔工具抠像
❹ 掌握常见的抠像特效

5.1　色彩的基础知识

颜色校正功能用于处理画面的颜色，在学习使用颜色校正功能之前，需要先了解一些关于颜色的基础知识，如色彩模式和色彩深度等。

5.1.1　色彩模式

为了表示不同的颜色，需要对颜色进行划分，进而衍生出色彩模式，色彩模式是数字世界用来表示颜色的一种算法，包括RGB模式、CMYK模式、HSB模式等。

1. RGB模式

RGB模式是一种基本的、使用最广泛的颜色模式，是基于红（Red）、绿（Green）和蓝（Blue）三原色的原理。这三种颜色每种都具有256种亮度，进行混合之后RGB模式理论上约有1670多万种颜色，是屏幕显示的最佳模式，并被显示器、电视机和投影仪等使用，如下左图所示。

2. HSB模式

人对颜色的感觉相对不十分敏感，一般会从色相（纯色）、饱和度（颜色的纯度和强度）以及颜色的亮度来感觉颜色。色相简写为H，在色轮上一共有360度，其中红色在0度，绿色在120度，蓝色在240度，这是一般可见光的光谱单色。饱和度也就是颜色的纯度和强度，由灰度在色相中所占的比例决定，从完全不饱和到完全饱和来度量。亮度一般有两极，即白色和黑色，在这两极中调整亮度，下右图为HSB模式。

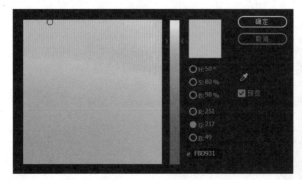

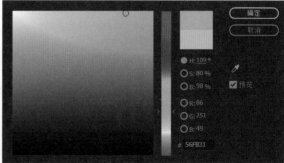

3. CMYK模式

虽然RGB模式显示了几乎所有的颜色，但是人的眼睛在识别颜色时采用了减色模式，相对应的CMYK模式采用了减色模式。由于RGB模式使用了三原色的基本原理，所以使用了三原色的互补色，红色的互补色为青色（Cyan），绿色的互补色为品红色（Mangenta），而蓝色的互补色为黄色（Yellow），但是这三种互补色混合不能产生黑色，因而引入了黑色（Black），为了区分Blue而用K代表黑色，因此此模式为CMYK模式，如右图所示。

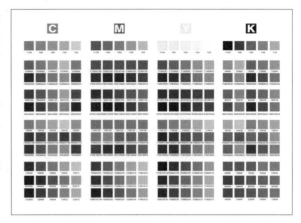

4. Lab模式

Lab模式与设备无关，有3个色彩通道，其中一个用于亮度设置，而另外两个用于色彩范围设置。Lab模式和RGB模式相似，只是效果相对更鲜亮一点。

5. 灰度模式

灰度模式中只存在灰度，没有色度、饱和度等彩色信息，灰度模式中包含了共计256个灰度级，同时灰度的应用范围也十分广泛，在价格低廉的黑白印刷中经常能见到灰度模式。

通常在将图像从彩色模式转换为灰度模式，同时灰度模式也可以转换为彩色模式。但是在经过彩色到灰度，继而由灰度到彩色的转换过程中，会使图像的质量受到很大的影响。

5.1.2　色彩深度

色彩的深度也就是"位深度"，"位"（bit）作为存储单元中的最小单元，可以记录每一个像素点的颜色值，图像中包含的颜色越多，"位"就越多，相对应的体积也会越大。

5.2　颜色校正的核心特效

在After Effects中提供了大量的颜色校正特效，如下图所示。本节将讲解颜色校正的核心效果：亮度和对比度、色相和饱和度、色阶以及曲线。

5.2.1 "亮度和对比度"特效

"亮度和对比度"特效可以对亮度、对比度以及所有像素的亮部、暗部和中间色进行校正。

选择图层，在菜单栏中执行"效果>颜色校正>亮度和对比度"命令，在"效果控件"面板中设置"亮度"和"对比度"的参数，如下左图所示。

完成上述操作后，观看对比效果如下中图和下右图所示。

5.2.2 "色相/饱和度"特效

"色相/饱和度"特效主要是针对色相、饱和度以及亮度进行综合调整，也可以对画面的局部色域进行细腻调整，进而到达一个理想的效果。

选择图层，在菜单栏中执行"效果>颜色校正>色相/饱和度"命令，在"效果控件"面板中设置色相和饱和度参数，如下左图所示。

完成上述操作后，观看对比效果如下中图和下右图所示。

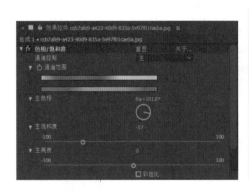

5.2.3 "色阶"特效

"色阶"特效也是调整亮度和对比度，但是是用于重新分布输入颜色并得到一个全新的色彩范围。可以更加细致地修正曝光度、扩大动态范围，使黑色和白色范围更加明显。

选择图层，在菜单栏中执行"效果>颜色校正>色阶"命令，在"效果控件"面板中设置"色阶"参数，如右图所示。

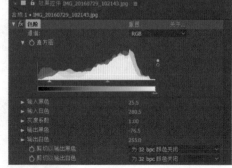

完成上述操作后，观看对比效果图如下图所示。

5.2.4 "曲线"特效

"曲线"特效主要是利用RGB模式对全模式或者单个原色做调整，由于使用了坐标图，使整体的调控更加精确。

选择图层，在菜单栏中执行"效果>颜色校正>曲线"命令，在"效果控件"面板中设置"曲线"参数，如右图所示。

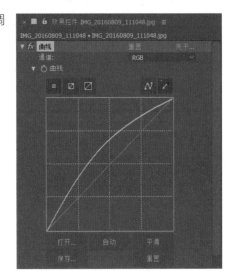

完成上述操作后，观看对比效果如下图所示。

提示：调节曲线大小

在"曲线"面板中，用户可以根据需要调节曲线的大小显示，以便于更加细致地调整图片，如下图所示。

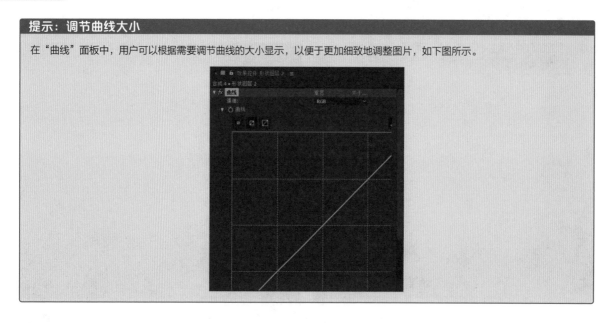

实战练习 对素材进行颜色校正

在视频制作中，用户可以根据需要对素材进行色彩校正，以满足不同的需要。本案例对素材进行颜色校正，下面介绍使用"色阶"效果对素材进行颜色校正的方法。

步骤 01 在菜单栏中执行"合成>新建合成"命令，如下左图所示。

步骤 02 在弹出的"合成设置"对话框中设置相应参数，如下右图所示。

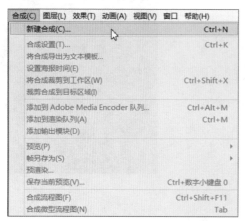

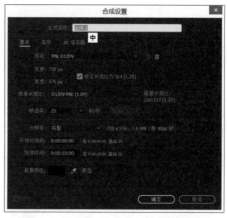

步骤 03 在菜单栏中执行"文件>导入>文件"命令，如右图所示。

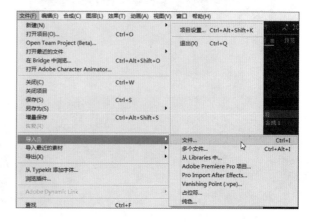

步骤 04 在弹出的"导入文件"对话框中选择需要导入的文件，如下左图所示。

步骤 05 单击"导入"按钮，在"项目"面板中选择导入的文件，将其拖曳至新建的合成，并设置参数，如下右图所示。

步骤 06 完成上述操作后，在"合成"窗口中进行效果预览，如下左图所示。

步骤 07 选中图层，在菜单栏中执行"效果>颜色校正>色阶"命令，如下右图所示。

 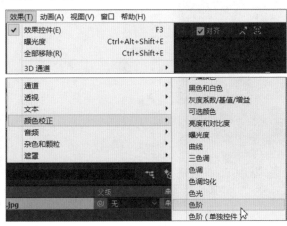

步骤 08 在"效果控件"面板中对色阶颜色效果进行参数设置，如下左图所示。

步骤 09 操作完成之后，在"合成"窗口中预览效果，如下右图所示。

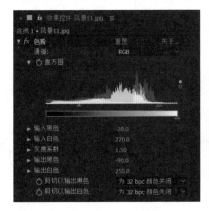 

5.3 颜色校正常见特效

本节将对颜色校正的一些常见特效做具体讲解，其中包括"三色调"、"色调"、"照片滤镜"、"颜色平衡"、"颜色平衡（HLS）"、"曝光度"、"通道混合器"、"阴影/高光"和"广播颜色"9个特效。这些特效是核心颜色校正特效之外的十分常见的颜色校正特效，其功能涵盖了色彩平衡、色彩模拟等多个方面。以下是对这9个常见颜色校正特效的详细介绍。

5.3.1 "三色调"特效

"三色调"特效主要是将高光、中间调和阴影做自定义修改，改变整体的色调风格。该特效一般在需要将画面的整体色调做一个反差相当大的调整时使用。

选择需要进行颜色校正的图层，在菜单栏中执行"效果>颜色校正>三色调"命令，如下左图所示。在"效果控件"面板中设置"三色调"效果参数，如下右图所示。

完成上述操作后，观看效果比对如下图所示。

5.3.2 "色调"特效

"色调"特效主要是调整图像的颜色信息，将图像中的最亮像素和最暗像素进行融合并确定融合度。一般在对素材颜色调整不大时使用。

选择图层，在菜单栏中执行"效果>颜色校正>色调"命令，如下左图所示。在"效果控件"面板中设置"色调"参数，如下右图所示。

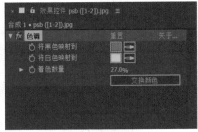

完成上述操作后，观看效果比对如下图所示。

5.3.3 "照片滤镜"特效

"照片滤镜"特效主要是模拟在相机上的彩色滤镜片，可以使颜色达到一致的效果。该特效一般用于前期素材捕捉时出现色温偏差时，在后期做一个有效的色温补偿。

选择图层，在菜单栏中执行"效果>颜色校正>照片滤镜"命令，如下左图所示。在"效果控件"面板中设置"照片滤镜"参数，如下右图所示。

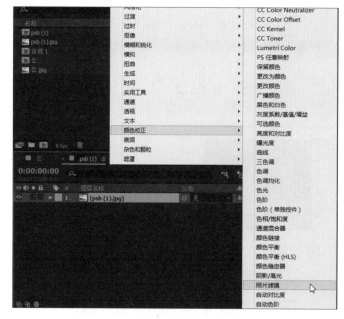

完成上述操作后，观看效果比对如下图所示。

5.3.4 "颜色平衡"特效

"颜色平衡"特效主要是调整图像的颜色信息，即调整原图像中阴影、中间色和高光的红、绿、蓝的色彩属性以达到色彩平衡的作用。需要注意的是，此处为了表现该特效的效果而加大一些数值，事实上，这种特效可以有效地进行颜色的中和。

选择图层，在菜单栏中执行"效果>颜色校正>颜色平衡"命令，如下左图所示。在"效果控件"面板中设置"颜色平衡"参数，如下右图所示。

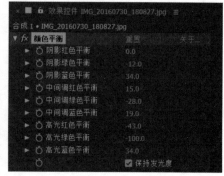

完成上述操作后，观看效果比对如下图所示。

5.3.5 "颜色平衡（HLS）"特效

"颜色平衡（HLS）"特效需要和"颜色平衡"特效区别开，同样是颜色平衡，但是"颜色平衡（HLS）"特效则是单纯地将色相、亮度和饱和度做调整，以达到色彩平衡的效果。（此处为了表现出效果而刻意增加数值，事实上，这个特效对于外景素材的颜色平衡调整十分有效）

选择图层，在菜单栏中执行"效果>颜色校正>颜色平衡（HLS）"命令，如下左图所示。在"效果控件"面板中设置"颜色平衡（HLS）"参数，如下右图所示。

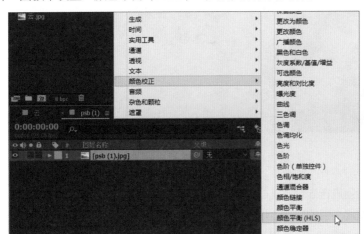

完成上述操作后，观看效果比对如下图所示。

5.3.6 "曝光度"特效

"曝光度"特效主要用于调节曝光度，可以选择对全通道或者是独立通道进行曝光。该特效对于前期素材捕捉出现曝光度过低时，可以根据需要对曝光的颜色进行适当地调整。

选择图层，在菜单栏中执行"效果>颜色校正>曝光度"命令，如下左图所示。在"效果控件"面板中设置"曲线"参数，如下右图所示。

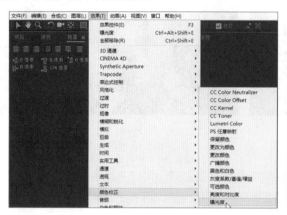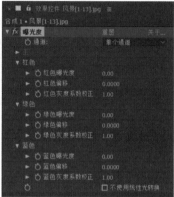

完成上述操作后，观看效果比对如下图所示。

5.3.7 "通道混合器"特效

"通道混合器"特效主要是将色彩通道进行混合。从"效果控件"面板可以看到这一特效主要是将红色和RGB的三个颜色进行混合，同时调整混合色的比例以达到理想的效果。

选择图层，在菜单栏中执行"效果>颜色校正>通道混合器"命令，如下左图所示。在"效果控件"面板中设置"曲线"参数，如下右图所示。

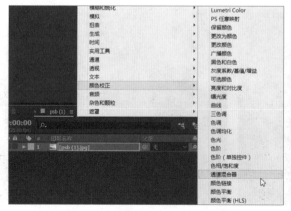

完成上述操作后，观看效果比对如下图所示。

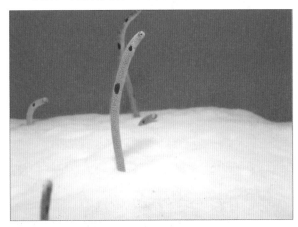 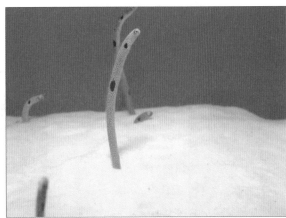

5.3.8 "阴影/高光"特效

"阴影/高光"特效是一种高级调色特效，主要适用于背光过强、照相机闪光等造成局部不清楚的情况，通过自动曝光补偿的方法修正图像中的阴影和高光部分。

选择图层，在菜单栏中执行"效果>颜色校正>阴影/高光"命令，如下左图所示。在"效果控件"面板中设置"阴影/高光"参数，如下右图所示。

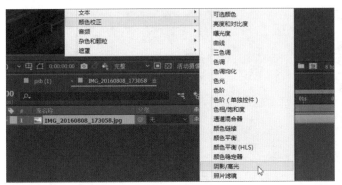 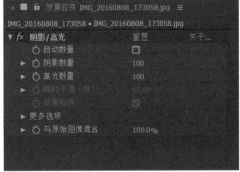

完成上述操作后，观看效果比对如下图所示。

5.3.9 "广播颜色"特效

"广播颜色"特效主要用来校正广播级视频的颜色和亮度。

选择图层，在菜单栏中执行"效果>颜色校正>广播颜色"命令，如下左图所示。在"效果控件"面板中设置"广播颜色"参数，如下右图所示。

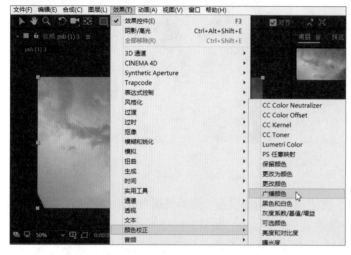
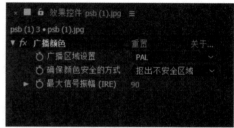

完成上述操作后，观看效果比对如下图所示。

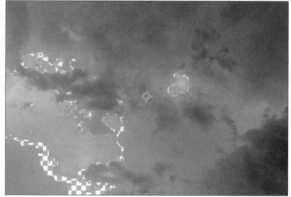

5.4 抠像技术

抠像技术被广泛运用于电视剧、电影的制作中，用以抠取需要的图像而舍去多余部分。抠取的对象分为静态图像和动态视频，针对抠像的对象不同，需要选择不同的抠像方法。键控抠像用于抠取动态视频的内容，其中针对不同的情况开发了多种抠像特效。按Ctrl+5快捷键调出"特效与预设"面板，在"抠像"区域中可以看到数十种抠像特效，本节将对部分常用的抠像特效进行具体讲解。

5.4.1 钢笔抠像

钢笔工具适用于抠取一些简单的图像，而且作为遮罩。钢笔工具的属性参数设置相对有限，因此仅在简单抠像时使用。

选中需要抠取的图层，在工具栏中选择钢笔工具，如下左图所示。绘制需要抠取部分的闭合路径，如下右图所示。

5.4.2 "差值遮罩"效果

"差值遮罩"效果主要通过对差异和特效进行颜色对比，将相同颜色的区域抠除，制作出透明的效果。选择需要抠取图像的图层，在菜单栏中执行"效果>抠像>差值遮罩"命令，如下左图所示。在"效果控件"面板中进行参数设置，如下右图所示。

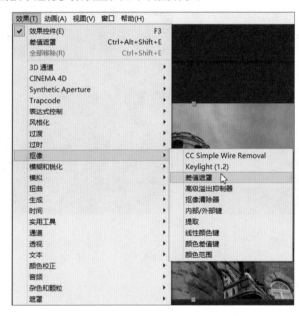 

"差值遮罩"区域中各项参数介绍如下。

- **视图**：在列表中选择视图窗口显示的方法。
- **差值图层**：在列表中选择用来对比特效层的参考层。
- **如果图层大小不同**：在列表中选择特效层和参考层的对齐方式。
- **匹配容差**：设置两层之间允许的最大差值，超出范围将被抠除。
- **匹配柔和度**：设置抠除部分的柔和程度。
- **差值前模糊**：设置差值抠除部分的内部边缘。

完成上述操作后，观看效果比对，如下图所示。

5.4.3 "内部/外部键"效果

"内部/外部键"特效可以通过一个指定的蒙版来定义其外部边缘和内部边缘，同时根据内外遮罩进行像素的明暗度差异比较，并得到一个透明的效果。选择需要抠取图像的图层，在菜单栏中执行"效果>抠像>内部/外部键"命令，如下左图所示。在"效果控件"面板中进行参数设置，如下右图所示。

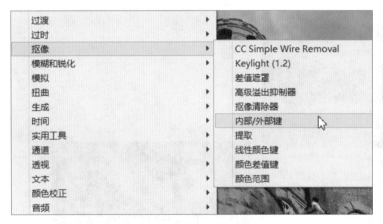 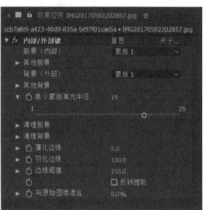

"内部/外部键"区域中各项参数介绍如下。

- **前景（内部）**：设置需要做前景的蒙版。
- **其他前景**：当存在多个前景时且均需要抠取，可以在此处设置。
- **背景（外部）**：当蒙版需要作为背景时设置。
- **其他背景**：当存在多个背景时，可以在此处设置。
- **单个蒙版高光半径**：用于设置单个蒙版的高光。
- **清理前景**：将指定的路径图层作为前景的一部分。
- **清理背景**：将指定的路径图层作为背景的一部分。
- **薄化边缘**：用于设置边缘的粗细。
- **羽化边缘**：用于设置边缘的柔和程度。
- **边缘阈值**：用于设置边缘的颜色的阈值。
- **反转提取**：勾选该复选框可以反转蒙版。
- **与原始图像混合**：用于设置蒙版和原始图层的混合比例。

完成上述操作后观看效果比对，如下图所示。

5.4.4 "颜色范围"效果

对于存在运动物体的素材可以使用"颜色范围"特效，当只需要素材中运动的物体而不需要背景时，在背景不变的情况下，将前后两帧做对比，抠掉相同的内容，这是非常实用的特效。选择需要抠取图像的图层，在菜单栏中执行"效果>抠像>颜色范围"命令，如下左图所示。在"效果控件"面板中进行参数设置，如下右图所示。

"颜色范围"区域中各项参数介绍如下。

● **预览**：用于显示遮罩的抠出效果。

● **键控滴管**：可以从当前蒙版的缩略图中吸取键控色，以确定在遮罩视图中的键控颜色。

● **加滴管**：用以增加键控色的颜色范围。

● **减滴管**：用以减少键控色的颜色范围。

● **模糊**：对抠像的边缘进行柔和调节。

● **色彩空间**：调整键控色的颜色空间，色彩模式有Lab、YUV和RGB 3种模式。

● **最大值/最小值**：对颜色范围的开始和结束进行一个精确的控制。

完成上述操作后，观看效果比对，如下图所示。

5.4.5 "亮度键"效果

"亮度键"效果主要是根据素材之间的亮度差值来进行抠像，适用于图像前后亮度对比大但是色相变化不大时抠像。选择需要抠取图像的图层，在菜单栏中执行"效果>过时>亮度键"命令，如下左图所示。在"效果控件"面板中进行参数设置，如下右图所示。

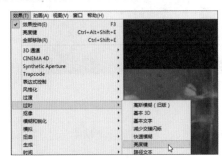 

"亮度键"区域中各项参数介绍如下。

● **键控类型**：用于指定亮度差异抠除的模式，根据图像中的前景和背景的亮度差异类型来选择。

● **阈值**：设置抠像大小的范围。

● **容差**：设置抠像颜色的容差范围。

● **薄化边缘**：用于对键出区域的边界调整。

● **羽化边缘**：用于对键出区域边界的羽化程度进行设置。

完成上述操作后，观看效果比对如下图所示。

5.4.6 "溢出抑制"效果

"溢出抑制"特效实际上不存在抠像功能，主要是对抠像之后的素材进行更细一步的颜色处理，便于后期合成。选择需要处理的图层，在菜单栏中执行"效果>过时>溢出抑制"命令，如下左图所示。在"效果控件"面板中进行参数设置，如下右图所示。

"溢出抑制"区域中各项参数介绍如下。

● **要抑制的颜色：** 选择要溢出的颜色。

● **抑制：** 选择要抑制的程度。

完成上述操作后，观看效果比对如下图所示。

 知识延伸：Roto笔刷工具抠像

Roto笔刷工具是After Effects中一个快捷的抠像工具，一般用于分离无法使用绿屏抠像的视频素材。具体使用方法是将素材导入到"时间轴"面板上，双击素材图层，如下左图所示。然后在工具栏中选择Roto笔刷工具，接着在图层面板上沿着天鹅的骨架绘制路线，如下右图所示。

绘制完毕后，软件会自动运算抠出相对应的像素点，如下左图所示，同时会发现有多余的部分被抠出，按住Alt键再次绘制即可消除多余部分，如下右图所示。

软件同时也会自动运算出抠出物体随着时间运动的轨迹，并添加背景，即可发现天鹅已经被成功地抠出，如下图所示。

上机实训：绿屏抠像

在摄影棚中，会经常使用到绿屏作为背景，本案例将介绍进行绿屏抠像的操作方法。

步骤 01 在菜单栏中执行"合成>新建合成"命令，如下左图所示。

步骤 02 在弹出的"合成设置"对话框中设置相应参数，如下右图所示。

步骤 03 在菜单栏中执行"文件>导入>文件"命令，如右图所示。

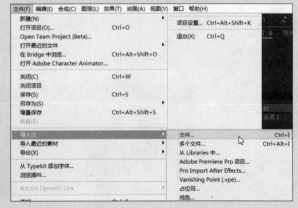

步骤 04 在弹出的"导入文件"对话框中选择需要导入的文件，如下左图所示。

步骤 05 单击"导入"按钮，在"项目"面板中选择导入的文件并将其拖曳至新建的合成，并设置参数，如下右图所示。

步骤 06 完成上述操作后，在"合成"窗口中进行预览，如下左图所示。

步骤 07 选中图层，在菜单栏中执行"效果>抠像>颜色范围"命令，如下右图所示。

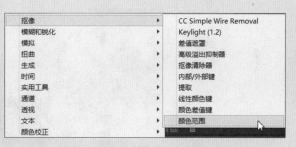

步骤 08 在"效果控件"面板中设置"颜色范围"的参数，使用吸管工具吸取绿色，如下左图所示。

步骤 09 使用加滴管多次吸取，直至狼周围的绿色消失，操作完成后，在"合成"窗口中预览效果，如下右图所示。

课后练习

1. 选择题

（1）下列颜色校正命令中，（ 　　 ）可以为图像添加模拟照相机的彩色滤镜片效果。

    A. 颜色稳定器　　　　　　　　　　　　B. 曲线

    C. 色调　　　　　　　　　　　　　　　D. 照片滤镜

（2）下列颜色校正命令中，（ 　　 ）可以自定义图像中的高光、中间色调和阴影的色彩。

    A. 三色调　　　　　　　　　　　　　　B. 颜色平衡

    C. 曝光度　　　　　　　　　　　　　　D. 色阶

（3）（ 　　 ）抠像特效可以设置一定的色彩变化范围来对图像进行抠像，用于处理色调相近，色相不相同的图像。

    A. 亮度键　　　　　　　　　　　　　　B. 溢出抑制

    C. 差值遮罩　　　　　　　　　　　　　D. 颜色范围

2. 填空题

（1）_____抠像特效是根据亮度的明暗程度进行抠像。

（2）_____颜色校正效果是通过自动曝光补偿的方法修正图像中的阴影和高光部分。

3. 上机题

利用光盘中的素材抠取图像并进行颜色校正，效果如下图所示。

Chapter 06 跟踪与表达式

本章概述

本章将带领读者学习关于运动跟踪和运动稳定的相关知识，这在影视制作中运用十分广泛，在制作特效方面也十分实用。同时还会讲解关于表达式的一些知识和简单运用。

核心知识点

1. 了解运动跟踪的相关知识
2. 熟悉表达式的基础知识
3. 学会表达式的基础运用
4. 掌握运动跟踪的操作技巧

6.1 运动跟踪

在影视后期制作中，运动跟踪的运用十分广泛，在After Effects中，运动跟踪会自动创建关键帧，并将跟踪分析之后的结果应用到其他物体，制作出动画特效运动跟踪是将画面中的一部分进行替换和跟随，比如为运动中的物体添加火焰特效或者其他特效，但是跟踪分析的物体必须是存在运动的影片而不是静止的单帧图像。

运动稳定可以将抖动的视频变得平稳，用来消除在前期拍摄时出现的抖动问题。

6.1.1 创建运动跟踪

在After Effects中，可以使用"跟踪器"选项面板进行运动跟踪和运动稳定的设置。选中需要进行运动分析的图层，在菜单栏中执行"动画>跟踪运动"命令，调出"跟踪器"选项面板，然后根据需要选择运动跟踪或者运动稳定。

6.1.2 单点跟踪

选择需要进行跟踪分析的素材，在菜单栏中执行"动画>跟踪运动"命令，如下左图所示。在"跟踪器"选项面板上单击"跟踪运动"按钮，设置"跟踪类型"为"变换"。如下右图所示。

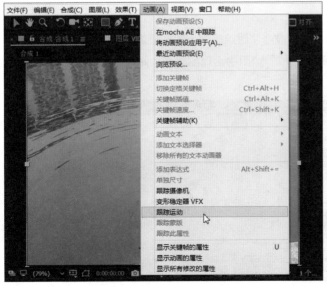

在"合成"窗口中选中需要跟踪的点，并调整点的范围和跟踪的范围，单击"向前分析"按钮，如下左图所示。开始进行运动分析，如下右图所示。

运动分析完成后，不仅可以在"合成"窗口中看到分析好的路径点，也可以看到在"时间轴"面板中自动创建的关键帧，如下图所示。

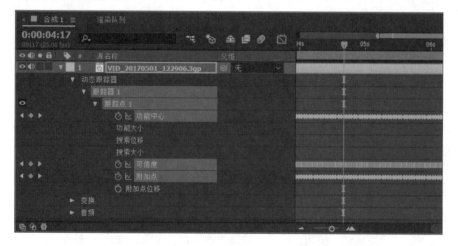

6.1.3 多点跟踪

多点跟踪也叫四点跟踪，和单点跟踪相似只是改变了跟踪类型。在"跟踪器"面板中将"跟踪类型"更改为"透视边角定位"，如下左图所示。在"合成"窗口中出现四个点，如下右图所示。这四个点均可以进行自定义位置和该点覆盖范围的调整。

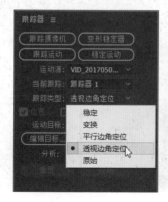

同样在完成四点设置后，单击"向前分析"按钮，对四个边角分别进行运动分析，并创建了相应的路径点，如下图所示。

运动分析完成之后，在"合成"窗口中查看分析好的路径点，在"时间轴"面板中自动创建了相对应四点的关键帧，如下图所示。

6.2 表达式

表达式是由传统Java Script语言编写而成的，以实现在界面中无法实现的动作或者对大量重复的动作进行简单化。运用表达式可以制作出层与层或者属性与属性之间的关系。合理地使用可以制作出非常复杂的表达式动画。

6.2.1 认识表达式

在表达式中，必须遵循程序设计的语法，才能够创建一个正确的表达式。一般的表达式形为thisComp.Layer（"风景"）.transform.scale=transform.scale+time*20，以下是对这个表达式的解读。

- **全局属性（thisComp）**：这是用来说明整个表达式所应用的最高层级，即整个合成。
- **层级标志符号（.）**：这是用来标志属性连接符号，前面一般是上位层级，后面则是下位层级。
- **layer（""）**：定义图层的名字，引号是必须要添加的，素材名称为风景.jpg，即可写作layer（"风景.jpg"）。

该表达式可以理解为：在这个合成的"风景"图层中变换选项下的位置，随着时间的增长呈十倍缩放。如果这个表达式写在了这一图层的具体属性位置，可以省略全局属性和层属性。在需要添加注释时，只需将注释添加到"//"、"*/"或者"/*"符号中即可。

6.2.2　创建表达式

在创建表达式时，有两个常用的方法，第一种方法是通过"时间轴"面板直接创建，第二种方法是通过菜单命令进行创建。

1. "时间轴"面板创建

在"时间轴"面板中创建关键帧时，单击"时间变化秒表"按钮时按住Alt键，便可以为该属性创建关键帧，如下左图所示。同时在右侧表达式区域输入transform.rotation=transform.rotation+time*20，按Enter键确认输入，如下右图所示。

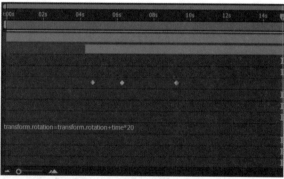

操作完成后，拖曳时间指示器，可以看到在不同的时间指示器处，图像绕着X轴进行了旋转，如下图所示。

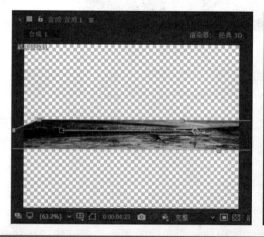

> **提示：快捷键创建表达式**
>
> 在"时间轴"面板中选中需要添加表达式的属性，执行快捷键"Shift+Alt+="同样也可以创建表达式。

2. 菜单命令创建

在菜单栏中执行"效果>表达式控制"命令，如下左图所示。在弹出的子菜单中选择需要进行表达式控制的命令，操作完成后，可以在相应属性下看到已经创建的表达式，根据需要对表达式进行编写，如下右图所示。

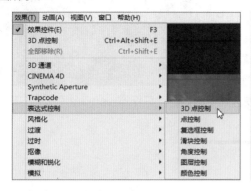

6.2.3 常见表达式

After Effects为用户提供了大量的表达式，如下图所示。本小节将详细讲解一些比较常见的表达式。

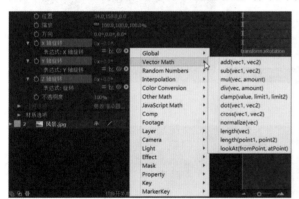
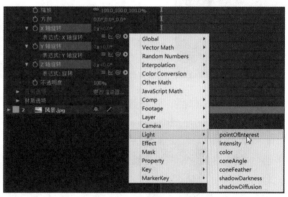

1. Wiggle（抖动）表达式

在"时间轴"面板中选中文本图层，在"锚点"属性处按住Alt键的同时单击"时间变化秒表"按钮，创建一个基础表达式，如下左图所示。然后使用wiggle（fred，amp）表达式，这是一个随机抖动的表达式，fred（频率）表示抖动的次数，amp（振幅）表示抖动的范围。

键入表达式：transform.anchorPoint=transform.anchorPoint+wiggle(20,20)，在图表编辑器中可以看到文本图层是在随机抖动的，如下右图所示。

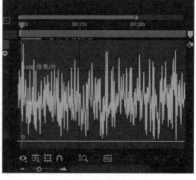

2. Loopout（循环）表达式

在"时间轴"面板中选中形状图层，在"缩放"属性处按住Alt键的同时单击"时间变化秒表"按钮，创建一个不包含任何的基础表达式，如右图所示。

在表达式参数的最右侧单击小三角形图标，在下拉列表中选择Proprtry>loopOut(type="cycle", numKeyframes = 0)选项，如下左图所示。将时间指示器移动到开始位置，创建第一个关键帧，设置"缩放"属性参数为100%，然后将时间指示器移动到第一秒位置，设置缩放输出参数为40%，同时删除表达式中的内容，只保留loopOut（），如下右图所示。

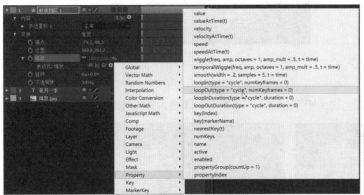

完成上述操作后，观看效果对比如下图所示。

> **提示：使用表达式移动位置**
>
> 如果是"位置"属性，当前位置为（240,300），仅需设置X方向表达式为"X=240+index*20"，表示在X轴方向移动20。

3. Index（索引）表达式

Index（索引）功能是一个简单又十分有效的表达式，可以制作出很不错的偏移效果。在"时间轴"面板中选择需要的图层，在"旋转"属性下创建一个不包含任何意义的基础表达式，如下左图所示。然后在表达式中输入index*20，该表达式的含义是旋转角度为20度，然后使用Ctrl+D快捷键快速复制粘贴18次，如下右图所示。

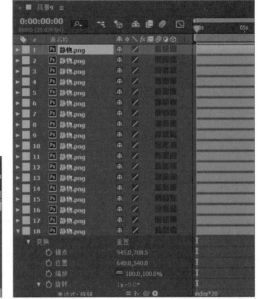

完成上述操作后，观看效果对比如下图所示。

4. Time（时间）表达式

Time（时间）表达式创建在"旋转"属性下，使物体绕一定角度进行旋转。在"时间轴"面板中选择需要进行旋转的图层，在"旋转"属性下创建一个不包括任何意义的基础表达式，如下左图所示。输入time*360表达式，如下右图所示。

完成上述操作后，观看效果对比如下图所示。

 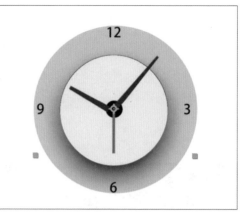

 知识延伸：3D摄像机跟踪器

当需要在拍摄的视频中添加一个跟随镜头移动的文本时，除了可以使用跟踪器外，还可以使用"3D摄像机跟踪器"功能。3D摄像机跟踪器可以对视频中的摄像机信息进行分析，从而生成和拍摄时摄像机移动相匹配的镜头效果。运用视频素材新建一个合成后，在菜单栏中执行"效果>透视>3D摄像机跟踪器"命令，如下左图所示。将该效果应用于视频素材之后，会进行自动分析，如下右图所示。

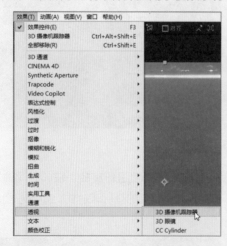 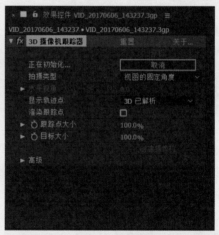

接下来会有两步对摄像机的分析，如下图所示。

分析完成后，单击"创建摄像机"按钮，如下左图所示。创建完成后，会生成一个摄像机图层，单击图上需要的点，在快捷菜单中选择"创建文本"命令，即可创建跟随镜头移动的文本，如下右图所示。

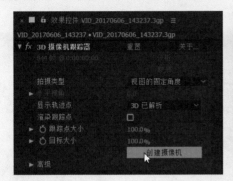 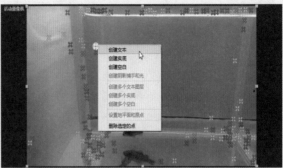

上机实训：制作气球跟随移动效果

本案例运用单点跟踪功能，制作气球跟随汽车飘动的效果，下面介绍详细操作步骤。

步骤 01 在菜单栏中执行"合成>新建合成"命令，如下左图所示。

步骤 02 在弹出的"合成设置"对话框中设置相应参数，如下右图所示。

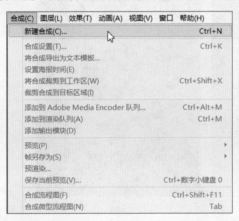 

步骤 03 在菜单栏中执行"文件>导入>文件"命令，如下左图所示。

步骤 04 在弹出的"导入文件"对话框中选择需要导入的文件，如下右图所示。

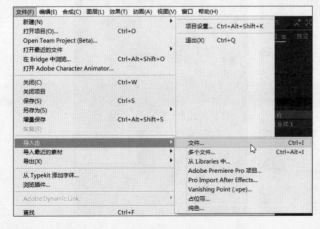 

步骤05 单击"导入"按钮，在"项目"面板中选择导入的文件并将其拖入新建的合成，并设置参数，如下左图所示。

步骤06 将气球图层的入点设置为00:00:02:07，如下右图所示。

步骤07 在"时间轴"面板中将时间指示器移动到00:00:02:07处，在菜单栏执行"窗口>跟踪器"命令，如下左图所示。

步骤08 在"跟踪器"面板中对跟踪对象进行设置，如下右图所示。

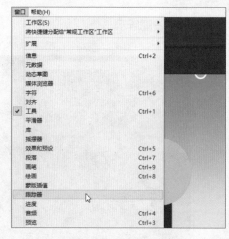 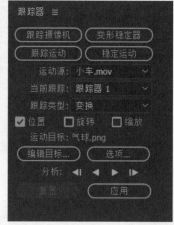

步骤09 在"图层"面板中对跟踪点和跟踪范围进行设置，如下左图所示。

步骤10 在"跟踪器"面板中单击"向前分析"或者"向前分析1个帧"按钮，如下右图所示。

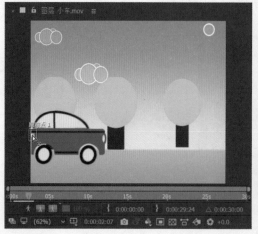 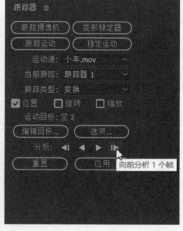

步骤11 分析完成之后，在"时间轴"面板的空白处右击，在弹出的快捷菜单中执行"新建>空对象"命令，如下左图所示。

步骤12 在"时间轴"面板中对空对象进行参数设置，如下右图所示。

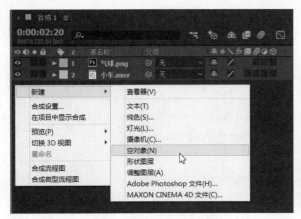 

步骤13 在"跟踪器"面板中单击"编辑目标"按钮，在打开的"运动目标"对话框中设置，如下左图所示。

步骤14 单击"应用"按钮，在"合成"面板中将"气球"图层的父级图层设置为空对象，如下右图所示。

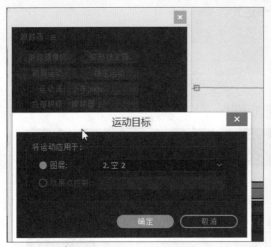 

步骤15 上述操作完成之后，在"合成"窗口中进行预览，如下图所示。

课后练习

1. 选择题（部分多选）

（1）多点跟踪的跟踪类型为（　　）。

　　A. 变换　　　　　　　　　　　　B. 原始

　　C. 稳定　　　　　　　　　　　　D. 透视边角定位

（2）Wiggle表达式的抖动是（　　）。

　　A. 线性的　　　　　　　　　　　B. 随机的

　　C. 非线性的　　　　　　　　　　D. 遵循一定规律的

（3）表达式的建立有（　　）种方法。

　　A. 1　　　　　　　　　　　　　B. 2

　　C. 3　　　　　　　　　　　　　D. 4

2. 填空题

（1）跟踪点的两个框分别对应_____和_____。

（2）同时按住_____和_____可以创建表达式。

（3）Wiggle表达式影响了_____和_____。

（4）蒙版的形状更改有_____、_____、_____、_____几种方法。

3. 上机题

　　使用光盘中的素材创建一个钟表动画，如下图所示。

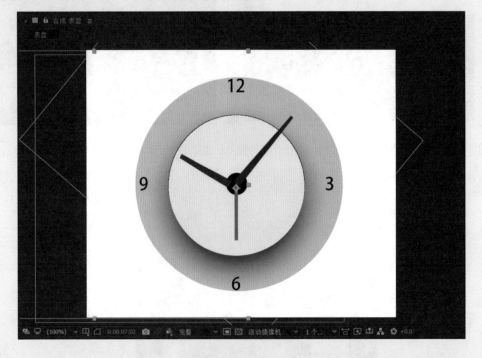

操作提示

合理使用time（时间）表达式。

Chapter 07 光线和粒子特效

本章概述

本章将带领读者学习和认识视频制作中的核心部分，也是After Effects最吸引人的功能，即利用光线和粒子特效，打造出令人惊叹的视觉冲击效果，会让观众耳目一新。

核心知识点

① 了解光线特效的相关知识
② 了解粒子特效的相关知识
③ 掌握光线特效的使用
④ 掌握粒子特效的使用

7.1 认识光线和粒子特效

After Effects为用户提供了大量的光线和粒子特效，使用光线特效可以在短时间内给人强烈的视觉冲击，使得作品给人更加深刻的印象，使用粒子特效则着重于模拟星星、下雪、下雨和烟雾等效果。

7.1.1 光线特效

在After Effects中有大量的光线特效，常见的光效有"镜头光晕"、"发光"、CC Light Rays、CC light Bust、CC Light Sweep等，如下图所示。

7.1.2　粒子特效

　　After Effects CC中的粒子特效是非常常见的一种效果，它可以快速模拟出云雾、火焰、雪等效果，而且可以制作出具有空间感和奇幻感的画面效果，在渲染画面气氛的同时使画面更加美观、震撼和迷人，如下图所示。

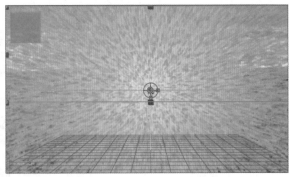

7.2　光线特效

　　本节将对一些常用的光线特效进行详细讲解，熟练掌握这些光线特效的应用可以制作出很好的效果。

7.2.1　"镜头光晕"效果

　　镜头光晕作为一种最常见的光线特效，可以模拟各种光芒、镜头光斑等效果，本节将对它的基础知识和使用方法做详细讲解。After Effects中的镜头光晕特效是专门处理镜头光晕的效果，可以很逼真地模拟现实生活中的各种光晕效果。

　　选中需要添加镜头光晕的图层，在菜单栏中执行"效果>生成>镜头光晕"命令，如下左图所示。在"效果控件"面板中设置镜头光晕相关参数，如下右图所示。

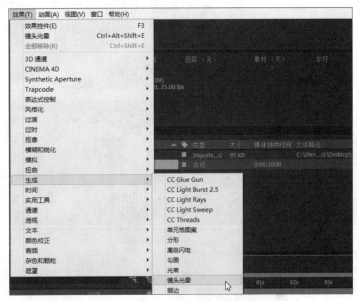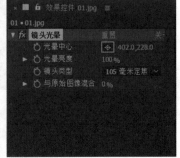

　　完成上述操作后，观看效果对比，如下图所示。

7.2.2 "发光"效果

"发光"特效是常用的光线特效，选中需要添加发光效果的图层，在菜单栏中执行"效果>风格化>发光"命令，如下左图所示。在"效果控件"面板中设置发光相关参数，如下右图所示。

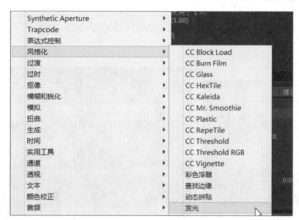

完成上述操作后，观看效果对比，如下图所示。

"发光"效果可以应用于带有Alpha通道的图像素材和文字上，使其产生发光的效果。以下是对属性参数的详细介绍。

● **发光基于：** 选择发光的通道来源，包括"颜色通道"和"Alpha通道"两种方式。

- **发光阔值：** 设置发光阔值的百分比。
- **发光半径：** 设置发光半径的大小，数值越大，发光效果的面积就越大。
- **发光强度：** 设置发光的强弱程度。
- **合成原始项目：** 选择合成项目的位置，可以选择"后面"、"顶端"和"无"3种方式。
- **发光操作：** 设置发光的混合模式，包括20多种模式。
- **发光颜色：** 对发光的颜色进行设置，包括"原始颜色"、"A和B颜色"和"任意映射"3种。
- **颜色循环：** 对色彩循环的数值进行设置。
- **颜色循环：** 对色彩循环的方式进行设置，包括4种循环方式。
- **色彩相位：** 对光的颜色的相位进行设置。
- **A和B中点：** 对发光颜色A和B的中点的百分比进行设置。
- **颜色A/B：** 设置A/B颜色。
- **发光维度：** 对发光效果的作用方向进行设置，包括"水平和垂直"、"水平"和"垂直"3种方向。

7.2.3　CC Light Rays效果

CC Light Rays（射线光）效果是影视后期制作中十分常见的光线特效，常常用于制作射线光。选中需要添加光效的图层，在菜单栏中执行"效果>生成>CC Light Rays"命令，如下左图所示。在 "效果控件"面板中设置相关参数，如下右图所示。

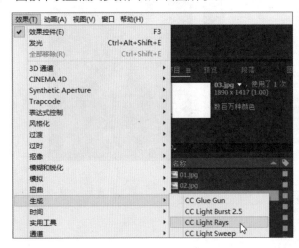 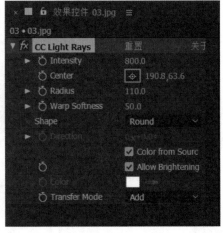

完成上述操作后，观看效果对比，如下图所示。

CC Light Rays（射线光）效果可以利用图像上不同颜色产生的放射光效，并进行变形处理。以下是对该效果的属性参数具体介绍。

- **Intensity（强度）**：对射线的强度进行设置，数值越大，对应的光线越强。
- **Center（中心）**：对射线的中心位置进行设置。
- **Radius（半径）**：对射线的半径大小进行设置。
- **Warp Softness（柔化光芒）**：对射线的柔化程度进行设置。
- **Shape（形状）**：对射线的发光源的形状进行设置，包括Round（圆形）和Square（方形）两种形状。
- **Direction（方向）**：对射线的照射方向进行设置。
- **Color form Source（颜色来源）**：勾选该复选框，光芒会呈现出放射状。
- **Allow Brightening（中心变亮）**：勾选该复选框，会使光芒的中心变亮。
- **Color（颜色）**：对射线光的发光颜色进行设置。
- **Transfer Mode（转换模式）**：设置射线光和原始图层的叠加模式。

7.2.4 CC Light Burst 2.5效果

CC Light Burst 2.5（CC光线缩放2.5）效果类似于径向模糊，但是会有所区别，在图像的局部区域产生强烈的光线放射效果。选中图层，在菜单栏中执行"效果>生成>CC Light Burst 2.5"命令，如下左图所示。在"效果控件"面板中设置相关参数，如下右图所示。

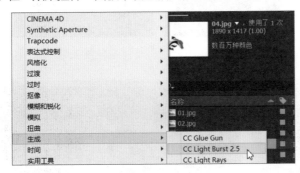
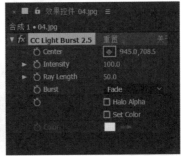

完成上述操作后，观看效果对比，如下图所示。

After Effects中的镜头光晕特效专门用于处理镜头光晕，可以很逼真地模拟现实生活中的各种光晕效果。下面对该效果的属性参数进行具体介绍。

- **Center（中心）**：对爆裂点的中心位置进行设置。
- **Intensity（亮度）**：对爆裂光线的亮度进行设置。
- **Ray Length（光线强度）**：对爆裂光线的强度进行设置。
- **Brust（爆裂）**：设置爆裂的方式，包括Straight、Fade和Center 3种。
- **Set Coloe（设置颜色）**：勾选该复选框，可以对爆裂光线的颜色进行设置。

7.2.5　CC Light Sweep效果

CC Light Sweep（CC光线扫描）效果主要用于在图像上制作光线扫描的效果。选中需要添加镜头光晕的图层，在菜单栏中执行"效果>生成>CC Light Sweep"命令，如下左图所示。在"效果控件"面板中设置相关参数，如下右图所示。

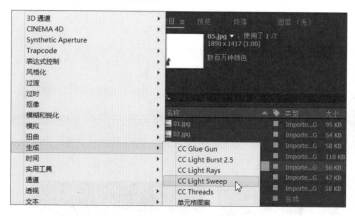

完成上述操作后，观看效果对比，如下图所示。

CC Light Sweep（CC光线扫描）效果既可以应用于文字上，也可以应用于图片和视频上，下面将对各属性参数进行具体介绍。

- **Center（中心）**：对扫光的中心位置进行设置。
- **Direction（方向）**：对扫光的旋转角度进行设置。
- **Shape（形状）**：对扫光的光线形状进行设置，包括Linear（线性）、Smooth（光滑）和Sharp（锐利）3种。
- **Width（宽度）**：对扫光的宽度进行设置。
- **Sweep Intensity（扫光亮度）**：对扫光的亮度进行调节。
- **Edge Intensity（边缘亮度）**：对扫光时光线边和图像之间的明暗程度进行调节。

- **Edge Thickness（边缘厚度）**：对扫光时光线边和图像之间的厚度进行调节。
- **Light Color（光线颜色）**：对光线的颜色进行调节。
- **Light Reception（光线接收）**：对光线和原始图像的叠加方式进行调节，包括Add（叠加）、Composite（合成）和Cutout（切除）3种。

实战练习 制作随时间变化的光晕效果

当镜头转动时，光晕也随之转动，这是一个很美的意境，在After Effects中可以很简单地制作出来，以下是详细操作步骤。

步骤 01 在菜单栏中执行"合成>新建合成"命令，如下左图所示。

步骤 02 在弹出的"合成设置"对话框中设置相应参数，如下右图所示。

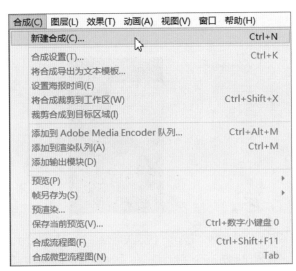 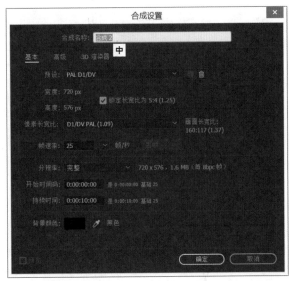

步骤 03 在菜单栏中执行"文件>导入>文件"命令，如下左图所示。

步骤 04 在弹出的"导入文件"对话框中选择需要的文件，如下右图所示。

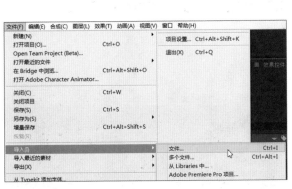 

步骤 05 单击"导入"按钮，在"项目"面板中查看导入的文件，如下左图所示。

步骤 06 将素材拖曳至"时间轴"面板中，并进行参数设置，如下右图所示。

步骤 07 选择"时间轴"面板中的素材，在菜单栏中执行"效果>生成>镜头光晕"命令，为素材添加"镜头光晕"特效，如下左图所示。

步骤 08 在菜单栏中执行"窗口>效果控件"命令，如下右图所示。

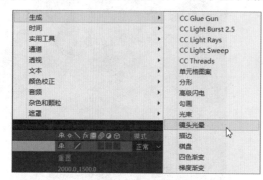

步骤 09 在"效果控件"面板中进行参数设置，然后单击"时间变化秒表"按钮，创建关键帧，如下左图所示。

步骤 10 在"时间轴"面板中将时间指示器调到4S位置，并创建另外一个关键帧，在"效果控件"面板中设置光晕中心位置参数，如下右图所示。

步骤 11 完成上述操作后，按下键盘上的O键，同时在"合成"窗口中进行预览，如右图所示。

7.3 常用粒子特效

因为粒子特效具有强大的模拟功能，应用非常广泛，本小节将详细介绍常见的两种粒子特效的应用。

7.3.1 "粒子运动场"特效

粒子图层一般添加在固态层上，在"时间轴"面板中选中一个固态层，在菜单栏中执行"效果>模拟>粒子运动场"命令，如下左图所示。在"效果控件"面板中对相关参数进行设置，如下右图所示。

完成上述操作后，观看粒子生成的效果，如下图所示。

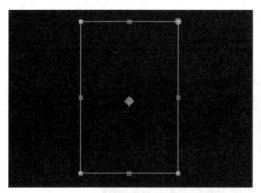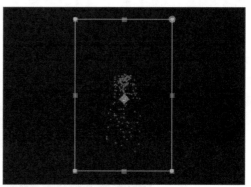

"粒子运动场"特效可以通过物理设置和其他参数设置，对一些常见的自然事物物理特性进行模拟，生成大量粒子以模拟下雨、下雪等绚丽的粒子特效，如下左图所示。

下面对"粒子运动场"各相关参数的含义进行介绍。

1."发射"属性

用于设置粒子发射的相关属性，如上右图所示。

- **位置**：对粒子的发射位置进行设置。
- **圆筒半径**：对粒子的发射半径进行设置。
- **每秒粒子数**：对每秒发射的粒子数进行设置。
- **方向**：对粒子随机扩散的方向进行设置。
- **速率**：对粒子的发射速率进行设置。
- **随机扩散速率**：对粒子随机扩散的速率进行设置。
- **颜色**：对粒子的颜色进行设置。
- **粒子半径**：对粒子本身的半径大小进行设置。

2."网格"属性

"网格"属性主要是对网格的相关参数进行设置，如下左图所示。

- **宽度**：对网格的宽度进行设置。
- **高度**：对网格的高度进行设置。
- **粒子交叉**：对粒子交叉的数量进行设置。
- **粒子下降**：对粒子下降的数量进行设置。
- **颜色**：对粒子的颜色进行设置。
- **粒子半径**：对粒子本身的半径大小进行设置。

3."图层爆炸"属性

主要用于对图层爆炸的相关属性进行设置，如下右图所示。

- **引爆图层**：设置需要爆炸的图层，单击右侧下三角按钮，选择图层。
- **新粒子的半径**：对添加新粒子的半径进行设置。
- **分散速度**：对爆炸的分散速度进行设置。

4."粒子爆炸"属性

用于对粒子爆炸的相关的属性进行设置，如下左图所示。

5."图层映射"属性

用于对图层的映射的相关属性进行设置，如下右图所示。

- **使用图层**: 对需要映射的图层进行设置。
- **时间偏移类型**: 对时间的偏移类型进行设置, 包括"相对"、"绝对"、"相对随机"和"绝对随机"4 种类型。
- **时间偏移**: 对时间的偏移程度进行设置。
- **影响**: 设置粒子的相关影响, 如粒子来源、字符和年限羽化等参数。

6. "重力"属性

该属性用于设置粒子的重力效果, 如下左图所示。

7. "排斥"属性

该属性用于设置粒子的排斥效果, 如下右图所示。

8. "墙"属性

该属性主要是设置粒子墙的边界和影响, 如下左图所示。

9. "永久/短暂属性映射器"属性

该属性用于设置永久/短暂的图层属性映射器, 包括对颜色映射和影响的设置, 如下右图所示。

7.3.2 CC Particle World 效果

　　CC Particle World可以产生三维粒子，在实际操作中十分常见。选中需要添加镜头光晕的图层，在菜单栏中执行"效果>模拟>CC Particle World"命令，如下左图所示。在"效果控件"面板中对相关参数进行设置，如下右图所示。

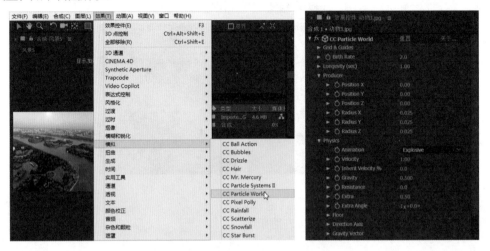

　　完成上述操作后，观看效果对比，如下图所示。

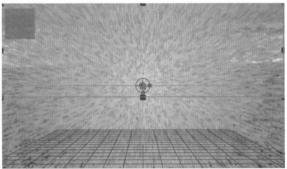

　　CC Particle World用于制作火花、气泡和星光等效果，并且其操作简捷、参数设置快速明了，参数属性设置如下图所示。

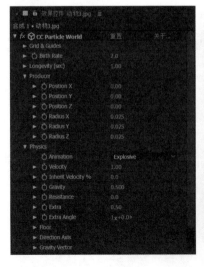
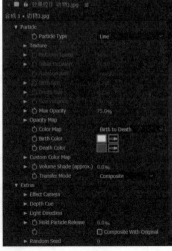

- Grid&Guides（网格&指导）：用于设置网格的显示和大小参数。
- Brith Rate（出生率）：对粒子的出生率进行设置。
- Longevity(sec)（寿命）：对粒子的存活寿命进行设置。
- Prouducer（生产者）：对粒子的位置和半径等参数进行设置。

  Position（位置）：对粒子的位置进行设置。

  Radius(X)（X轴半径）：对X轴半径的大小进行设置。

  Radius(Y)（Y轴半径）：对Y轴半径的大小进行设置。
- Physics（物理）：对粒子的相关物理属性进行设置。

  Animation（动画）：对粒子的动画类型进行设置。

  Velocity（速率）：对粒子的速率进行设置。

  Inherit Velocity%（继承速率）：对粒子的继承速率进行设置。

  Gravity（重力）：对粒子的重力效果进行设置。

  Resistance（阻力）：对阻力的大小进行设置。

  Extra（附加）：对粒子的附加程度进行设置。

  Extra Angle（附加角度）：对粒子的附加角度进行设置。

  Floor（地面）：设置地面的相关属性。

  Floor Position（地面位置）：对产生粒子的地面的位置进行设置。

  Direction Axis（方向轴）：对X/Y/Z轴三个方向进行设置。

  Gravity Vector（引力向量）：对X/Y/Z轴三个轴向的引力向量程度进行设置。
- Particle（粒子）：设置粒子的相关属性。

  Particle Type（粒子类型）：对粒子的类型进行设置。

  Texture（纹理）：对粒子的纹理进行设置。

  Birth Size（出生大小）：对粒子的出生大小进行设置。

  Death Size（死亡大小）：对粒子的死亡大小进行设置。

  Size Variation（大小变化）：对粒子的大小变化进行设置。

  Opacity Map（不透明度映射）：对粒子的不透明度进行设置，包括淡入、淡出。

  Max Opacity（最大不透明度）：对粒子的最大不透明度进行设置。

  Color Map（颜色映射）：对粒子的颜色映射效果进行设置。

  Death Color（死亡颜色）：对粒子的死亡颜色进行设置。

  Custom Color Map（自定义颜色映射）：对颜色映射进行自定义设置。

  Transfer Mode（传输模式）：对粒子的传输混合模式进行设置。
- Extras（附加功能）：对相关的附加功能进行设置。

  Extra Cemera（效果镜头）：对附加功能的镜头效果进行设置。

实战练习 制作咖啡杯上的烟雾效果

利用"粒子运动场"功能在咖啡杯上创建袅袅升起的烟雾效果，下面介绍详细的操作步骤。

步骤01 在菜单栏中执行"合成>新建合成"命令，如下左图所示。

步骤02 在弹出的"合成设置"对话框中设置相应参数，如下右图所示。

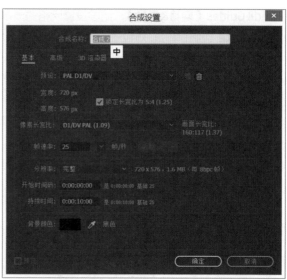

步骤 03 在菜单栏中执行"文件>导入>文件"命令，如下左图所示。

步骤 04 在弹出的"导入文件"对话框中选择需要的文件，如下右图所示。

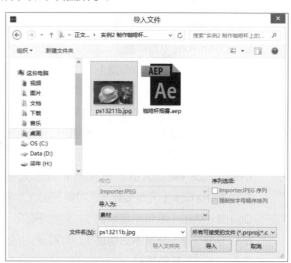

步骤 05 单击"导入"按钮，即可导入文件，在"项目"面板中查看导入的文件，如下左图所示。

步骤 06 将素材拖曳到"时间轴"面板中，并进行参数设置，如下右图所示。

步骤 07 在"时间轴"面板的空白处右击，在弹出的快捷菜单中执行"新建>纯色"命令，如下左图所示。

步骤 08 弹出"纯色设置"对话框，直接单击"确定"按钮即可，无需进行其他设置，为创建的纯色图层上创建矩形矢量蒙版，位置如下右图所示。

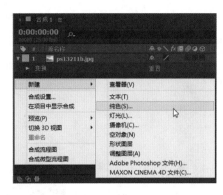 

步骤 09 选择"时间轴"面板中的素材，在菜单栏中执行"效果>模拟>粒子运动场"命令，为素材添加"粒子运动场"特效，如下左图所示。

步骤 10 在菜单栏中执行"窗口>效果控件"命令，如下右图所示。

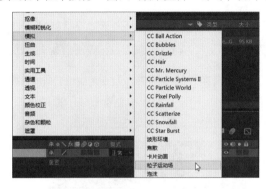 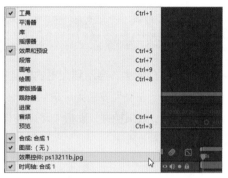

步骤 11 在"效果控件"面板中设置"发射"属性的相关参数，如下左图所示。

步骤 12 在"效果控件"面板中设置"重力"属性的相关参数，如下右图所示。

步骤 13 选择"时间轴"面板中的素材，在菜单栏中执行"效果>模糊和锐化>高斯模糊"命令，如下左图所示。

步骤 14 在"效果控件"面板中进行参数设置，如下右图所示。

步骤15 操作完成后，拖动时间指示器，在"合成"窗口中预览效果，如右图所示。

 ## 知识延伸：Form插件

After Effects在使用中，会用到大量的外挂插件，而在粒子的使用中，Trapcode公司提供的插件可以快速创建生成粒子。在插件安装完成之后，可以在"效果和预设"面板中查看安装的插件，如下左图所示。应用插件后，在"效果控件"面板中可以对相应的属性进行设置，如下右图所示。

完成上述操作后，观看效果对比如下图所示。需要注意的是，插件需要读者自行下载，一般插件安装都是在After Effects的安装文件下的plug-ins文件夹中。

上机实训：制作粒子文字

通过对本章内容的学习，读者一定对光线和粒子特效有深刻的了解和认识。本案例将制作一个粒子文字的特效巩固所学内容，下面介绍详细的操作步骤。

步骤 01 在菜单栏中执行"合成>新建合成"命令，如下左图所示。

步骤 02 在弹出的"合成设置"对话框中设置相应参数，具体参数如下右图所示。

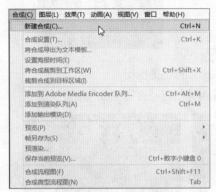 

步骤 03 在"时间轴"面板中空白处右击，在弹出的快捷菜单中执行"新建>纯色"命令，如下左图所示。

步骤 04 在弹出的"纯色设置"对话框中进行参数设置，如下右图所示。

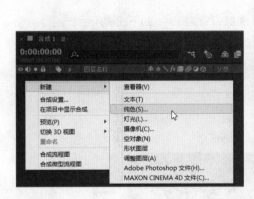 

步骤 05 在"时间轴"面板中空白处右击，在弹出的快捷菜单中执行"新建>文本"命令，如下左图所示。

步骤 06 在"合成"窗口中输入文本hope，如下右图所示。

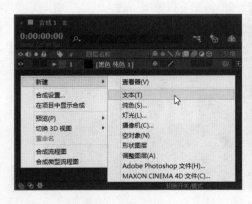 

145

步骤 07 在菜单栏中执行"窗口>字符"命令，如下左图所示。

步骤 08 在弹出的"字符"面板中对输入的文本进行设置，如下右图所示。

步骤 09 在菜单栏中执行"效果>过渡>线性擦除"命令，如下左图所示。

步骤 10 在"效果控件"面板中进行参数设置，并在开始处创建"过渡完成"属性关键帧，如下右图所示。

步骤 11 在5秒处，创建"过渡完成"属性关键帧，参数设置为0%，如下左图所示。

步骤 12 在菜单栏中执行"效果>生成>梯度渐变"命令，如下右图所示。

 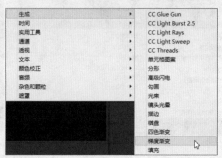

步骤 13 在"效果控件"面板中进行参数设置，如下左图所示。

步骤 14 上述操作完成之后，在"合成"窗口中进行预览，如下右图所示。

步骤 15 在"时间轴"面板中选择文本图层，按Ctrl+D快捷键进行复制，如下左图所示。

步骤 16 在"时间轴"面板中空白处右击，在弹出的快捷菜单中执行"新建>空对象"命令，如下右图所示。

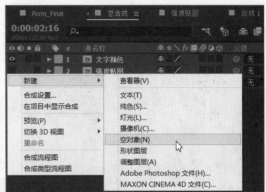

步骤 17 在菜单栏中执行"效果>Trapcode>Form"命令，如下左图所示。

步骤 18 在"效果控件"面板中进行参数设置，如下右图所示。

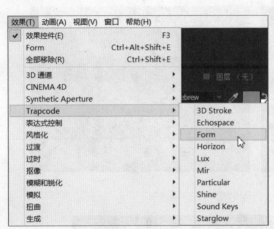
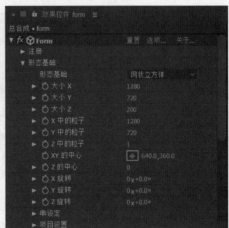

步骤 19 在"效果控件"面板中设置"粒子"属性相关参数，如下左图所示。

步骤 20 在"效果控件"面板中设置"层映射"属性相关参数，如下右图所示。

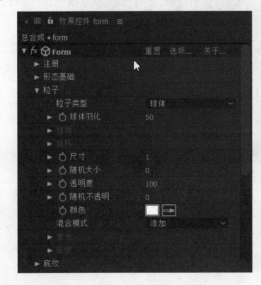
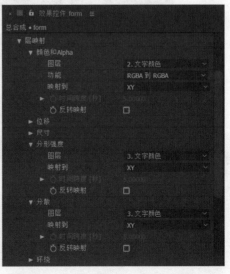

步骤 21 完成上述操作之后，在"合成"窗口中进行预览，如下左图所示。

步骤 22 在"时间轴"面板中选择背景纯色图层，在菜单栏中执行"效果>生成>镜头光晕"命令，如下右图所示。

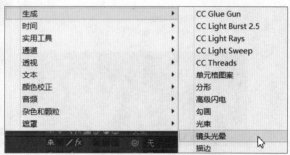

步骤 23 在"效果控件"面板中进行参数设置，在第0秒处插入关键帧，如下左图所示。

步骤 24 在"效果控件"面板中进行参数设置，在第5秒处分别插入关键帧，如下右图所示。

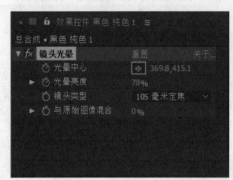

步骤 25 完成上述操作之后，在"合成"窗口中预览最终效果，如下图所示。

课后练习

1. 选择题

（1）使用光线和粒子特效可以模拟以下哪些效果（　　）。

    A. 星星　　　　　　　　　　　　　B. 雪

    C. 烟雾　　　　　　　　　　　　　D. 以上都可以

（2）以下哪种属性不属于"粒子运动场"特效的属性（　　）。

    A."发射"属性　　　　　　　　　　B."网络"属性

    C."排斥"属性　　　　　　　　　　D."网格&指导"属性

（3）CC Light Sweep（CC光线扫描）效果的参数面板中，以下哪种不属于Shape（形状）对扫光的光线形状进行设置的选项（　　）。

    A. Linear（线性）　　　　　　　　B. Smooth（光滑）

    C. Direction（方向）　　　　　　　D. Sharp（锐利）

（4）CC Particle World可以用于制作以下哪种效果（　　）。

    A. 火花　　　　　　　　　　　　　B. 气泡

    C. 星光灯　　　　　　　　　　　　D. 以上都可以

2. 填空题

（1）光线特效主要是_____，粒子特效侧重于_____。

（2）CC Light Rays产生射线时的光源是_____。

（3）CC Light Rays和CC Light Burst 2.5的区别在于_____。

（4）粒子运动场可以模拟一些_____。

（5）CC Particle World可以产生_____。

3. 上机题

    利用光盘中的素材，尝试使用其他的模拟特效，例如雷电特效制作，效果如下图所示。

Chapter 08 其他特效制作

本章概述

介绍After Effects的光线与粒子特效后，本章将对该软件的一些其他经常使用的特效进行介绍，例如音频特效、扭曲特效、透视特效、风格化特效和模糊与锐化特效等。

核心知识点

❶ 掌握音频特效的应用

❷ 掌握扭曲特效的应用

❸ 掌握透视特效的应用

❹ 掌握风格化特效的应用

❺ 掌握模糊与锐化特效的应用

8.1 音频特效

虽然After Effects不是专业做音频的软件，但是在制作视频的时候，会需要对音频进行一些常规的处理，下面将对一些常用的声音特效进行讲解。

8.1.1 音频特效的属性

音频在导入之后，拖入"时间轴"面板会成为一个素材图层，但是它不具备常规的5项属性，仅有音频电平属性，如下左图所示。波形不作为属性存在，因为它无法设置和修改参数。

音频电平属性会默认当前帧的分贝值为0，在修改分贝参数之后，可以看到波形发生了变化，如下右图所示。

提示：Adobe Audition软件

当需要对音频进行专业处理时，使用Adobe Audition软件可以让音频处理和图像处理一样简便，如下图所示。

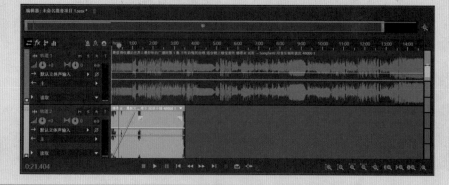

8.1.2 常见音频特效

下面对After Effects中一些常见的音频特效进行讲解，在菜单栏中执行"效果>音频"命令，如下左图所示。在子菜单中选择所需的音频特效选项，如下右图所示。

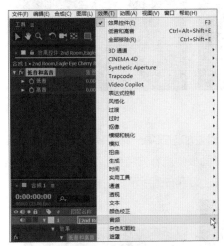

1. "低音和高音"特效

"低音和高音"特效主要用来调节音频素材的音调效果，可以调整为高音或者低音。

● **低音：** 对低音的音频进行调整。

● **高音：** 对高音的音频进行调整。

低音和高音的范围均为-100到100，用户可以根据需要进行设置，在"效果和预设"面板中查看该特效，如下左图所示。应用"低音和高音"特效后，在"时间轴"面板中根据需要进行参数修改即可，如下右图所示。

2. "调制器"特效

"调制器"特效主要用来调节音频素材的颤音效果，可以制作出多勒普效果或者制作出由远及近的声音效果。下面介绍"调制器"特效各属性的含义。

● **调制类型：** 对调制的类型进行修改，包括"正弦"和"三角形"两种类型。

● **调制速率：** 对调制的速率进行修改，速率的范围从0到20。

● **调制深度：** 对调制的强度进行修改。

● **调制变调：** 对调制的音调进行修改。

在"效果和预设"面板中查看该特效，如下左图所示。应用"调制器"特效后，在"时间轴"面板中根据需要修改相关参数，如下右图所示。

3."倒放"特效

"倒放"特效主要用于将音频倒放，可以通过加速获得一种尖锐模糊的声音效果。"互换声道"参数用以确认是否互换左右声道。在"效果和预设"面板中查看该特效，如下左图所示。应用"倒放"特效后，在"时间轴"面板中根据需要修改相应的参数，如下右图所示。

8.2 扭曲特效

扭曲特效主要是对图像进行扭曲处理，以模拟出3D空间效果。本节将对"边角定位"和"贝塞尔曲线变形"这两个比较常见的扭曲特效进行讲解。

8.2.1 "边角定位"特效

"边角定位"特效主要是对素材的四角进行定位，从而得到一个空间透视的效果，一般用于制作广告移植或相册效果等。在"时间轴"面板中选择需要进行边角定位的图层，在菜单栏中执行"效果>扭曲>边角定位"命令，如下左图所示。在"效果控件"面板中进行参数设置，如下右图所示。

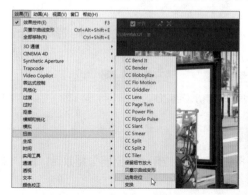 

"边角定位"特效的各参数含义介绍如下。

- **左上:** 对左上角的点进行定位。
- **右上:** 对右上角的点进行定位。
- **左下:** 对左下角的点进行定位。
- **右下:** 对右下角的点进行定位。

完成上述操作后,观看效果对比,如下图所示。

8.2.2 "贝塞尔曲线变形"特效

"贝塞尔曲线变形"特效主要是通过调整图像周围的贝塞尔曲线形状,来使原图像产生扭曲的效果。在"时间轴"面板中选择所需图层,在菜单栏中执行"效果>扭曲>贝塞尔曲线变形"命令,如下左图所示。在"效果控件"面板中进行参数设置,如下右图所示。

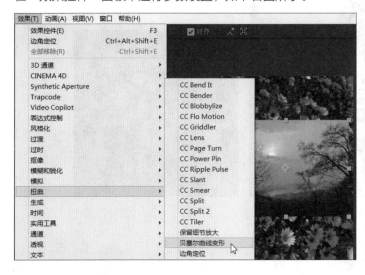 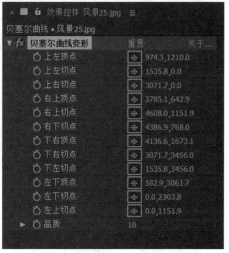

"贝塞尔曲线变形"特效的各参数含义介绍如下。

- **顶点:** 对四角的顶点进行定位设置。
- **切点:** 对四角点的两边的切点进行设置,以改变切线的方向。
- **品质:** 对图像边缘和贝塞尔曲线的接近程度进行设置。

完成上述操作后,观看效果对比如下图所示。

8.3 透视特效

透视特效主要是对二维图册进行设置，来模拟三维效果，本节将对常见的透视特效进行讲解。

8.3.1 "投影"特效

"投影"特效可以制作简单的投影，根据素材Alpha通道边缘的形状创建阴影效果。在"时间轴"面板中选择需要进行投影的图层，在菜单栏中执行"效果>透视>投影"命令，如下左图所示。在"效果控件"面板中进行参数设置，如下右图所示。

"投影"特效的各参数含义介绍如下。

- **阴影颜色**：对阴影的颜色进行设置。
- **不透明度**：对阴影的不透明度进行设置。
- **方向**：对阴影的方向进行设置。
- **距离**：对阴影的距离进行设置。
- **柔和度**：对阴影的柔和度进行设置。
- **仅阴影**：勾选该复选框后，仅出现阴影。

完成上述操作后，观看效果对比如下图所示。

8.3.2 "斜面Alpha"特效

"斜面Alpha"特效主要用于设置素材Alpha通道的倾斜效果，同时为Alpha通道创建发光轮廓，产生一种较为平缓立体的效果。在"时间轴"面板中选择需要设置Alpha斜面的图层，在菜单栏中执行"效果>透视>斜面Alpha"命令，如下左图所示。在"效果控件"面板中进行参数设置，如下右图所示。

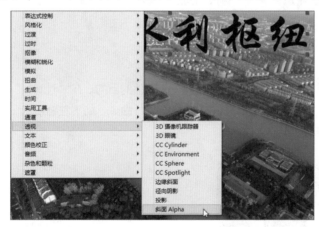 

"斜面Alpha"特效的各参数含义介绍如下。

- **边缘厚度：**对产生的倾斜面的宽度进行设置，数值越大，边缘越宽。
- **灯光角度：**对照射素材的灯光角度进行设置。
- **灯光颜色：**对照射素材的灯光颜色进行设置。
- **灯光强度：**对照射素材的灯光强度进行设置，设置强度的范围从0至1。

完成上述操作后，观看效果对比如下图所示。

提示："斜面Alpha"和"边缘斜面"的比较

两种特效的成像原理都是一致的，而且"效果控件"面板上的
参数也是一样的，仅仅是后者的边缘厚度属性设置范围只能从0
到0.5。但是"边缘斜面"特效是产生一个立体效果，对同一素
材进行同样的参数设置，效果完全不同，如右图所示。

8.4 风格化特效

　　风格化特效主要是通过对原图像的像素进行修改、置换和调整对比度等，从而产生不同的效果。本节
将对一些常用的风格化特效进行详细介绍。

8.4.1 "马赛克"特效

　　"马赛克"特效主要是将素材的像素进行马赛克化处理，达到一个遮盖的目的。在"时间轴"面板中选
择需要进行马赛克处理的图层，在菜单栏中执行"效果>风格化>马赛克"命令，如下左图所示。在"效果
控件"面板中进行参数设置，如下右图所示。

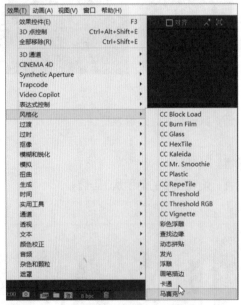

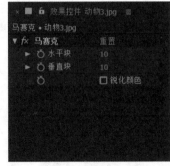

　　"马赛克"特效的各参数含义介绍如下。

● **水平块：**对水平方向的马赛克块数进行设置，默认为10，值越大遮盖效果越差。

● **垂直块：**对垂直方向的马赛克块数进行设置，默认为10，值越大遮盖效果越差。

　　完成上述操作后，观看效果比对，如下图所示。

 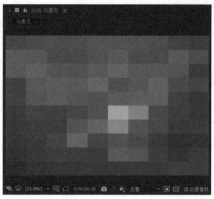

8.4.2 "浮雕"特效

"浮雕"特效主要是为素材图层创建浮雕特效，以达到一个立体的效果。在"时间轴"面板中选择需要进行浮雕处理的图层，在菜单栏中执行"效果>风格化>浮雕"命令，如下左图所示。在"效果控件"面板中进行参数设置，如下右图所示。

"浮雕"特效的各参数含义介绍如下。

● **方向**：对建立浮雕的方向进行设置。

● **起伏**：对浮雕的起伏进行设置，数值范围从0至10。

● **对比度**：对对比度的数值进行修改。

● **与原始图像混合**：对浮雕和原始图像的混合程度进行设置。

完成上述操作后，观看效果对比如下图所示。

8.5　模糊和锐化特效

模糊和锐化特效主要是调整图像的清晰程度，以达到模糊或者锐化的效果。本节将对一些常见的模糊和锐化特效进行讲解。

8.5.1　"高斯模糊"特效

"高斯模糊"特效主要用于模糊和柔化图像，同时去除图像中的杂点。

在"时间轴"面板中选择需要进行高斯模糊的图层，在菜单栏中执行"效果>模糊和锐化>高斯模糊"命令，如下左图所示。在"效果控件"面板中进行参数设置，如下右图所示。

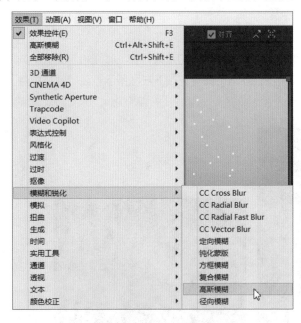
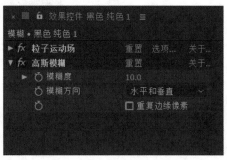

"高斯模糊"特效的各参数含义介绍如下。

- **模糊度：**对模糊的强度进行设置，默认数值从0-50。
- **模糊方向：**对模糊的方向进行设置，包括"水平和垂直"、"水平"和"垂直"3种方向。

完成上述操作后，观看效果对比如下图所示。

8.5.2 "锐化"特效

"锐化"特效主要是对素材边缘的颜色进行突出处理，从而得到一个更加锐利的画面，但是锐化程度过高会产生浮雕效果。在"时间轴"面板中选择需要进行锐化处理的图层，在菜单栏中执行"效果>模糊和锐化>锐化"命令，如下左图所示。在"效果控件"面板中进行参数设置，如下右图所示。

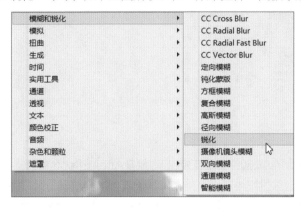

"锐化"特效只包含"锐化量"1个参数，该参数用于对锐化的程度进行设置，默认取值范围为0-100，最大不超过4000。

完成上述操作后，观看效果对比如下图所示。

知识延伸：外挂插件

之前在粒子运动场中介绍过关于Form特效，这是一个外挂插件。在After Effects中，外挂插件非常常见，合理地使用这些插件可以使创作变得更加简单。下面对如何使用插件进行详细讲解，同时也会介绍一个非常实用的外挂插件（这里讲解的插件均需要读者自行下载）。

1. 使用插件

一般插件安装的路径文件夹名为Plug-ins，如下左图所示。而软件中自带的效果和预设的文件也均在这个文件夹中，是抠像效果对应的文件，如下右图所示。

2. Element 3D插件

Element 3D是Videocopilot机构推出的强大的AE插件，是支持3D对象在After Effects中直接渲染的引擎。该插件具有实时渲染特性，即在制作3D效果过程中可以直接在屏幕上看到渲染结果，大幅提升CG运算的效率。另外，相比较传统的After Effects针对3D动画合成中出现各种繁琐的操作，如摄像机同步、光影匹配等等，Element 3D可以让特效师直接在AE里面完成，而不需要考虑摄像机和光影迁移的问题。配合After Effects内置的Camera Tracker（摄像机追踪）功能，可以完成各类复杂的3D后期合成特效。

插件安装完成后，可以在"效果和预设"面板中看到对应的效果，如下左图所示。应用插件后，可以进入独立的效果界面，对效果进行进一步地设置和处理，如下右图所示。

安装插件之后，对效果进行进一步设置和处理，如下图所示。

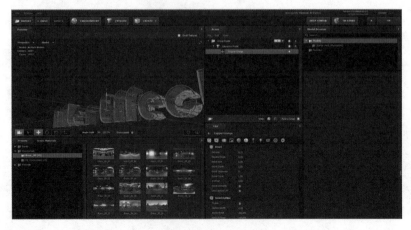

上机实训：制作翻页动画

本案例将运用"贝塞尔曲线变形"和"斜面Alpha"特效以及基础的5项属性的变换，制作一个简单的翻页动画，下面详细介绍操作步骤。

步骤 01 在菜单栏中执行"合成>新建合成"命令，如下左图所示。

步骤 02 在弹出的"合成设置"对话框中设置相应参数，如下右图所示。

步骤 03 在菜单栏执行"文件>导入>文件"命令，打开"导入文件"对话框，执行文件导入操作，如下左图所示。

步骤 04 在"项目"面板中将导入的文件拖曳至"时间轴"面板上，并对基本属性进行参数设置，如下右图所示。

步骤 05 在"时间轴"面板中选择第一个图层，然后在菜单栏中执行"效果>扭曲>贝塞尔曲线变形"命令，如下左图所示。

步骤 06 在菜单栏中执行"窗口>效果控件"命令，如下右图所示。

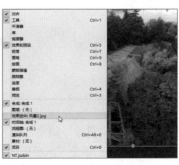

步骤 07 在"效果控件"面板中进行参数设置，如下左图所示。将时间指示器移动到最开始位置，并设置关键帧。

步骤 08 在"时间轴"面板中将时间指示器移动到第一秒处，在"效果控件"面板中进行参数设置，如下右图所示。

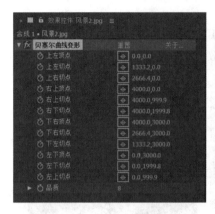

步骤 09 在"时间轴"面板的空白处右击，在弹出的快捷菜单中执行"新建>文本"命令，如下左图所示。

步骤 10 在"合成"窗口中输入文本"黄金大道"，如下右图所示。

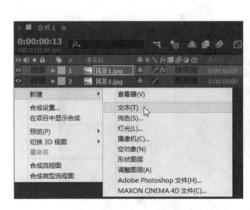

步骤 11 在菜单栏中执行"窗口>字符"命令，如下左图所示。

步骤 12 在"字符"面板中对输入的文本进行设置，如下右图所示。

步骤 13 在菜单栏中执行"窗口>对齐"命令，如下左图所示。

步骤 14 在"对齐"面板中，分别单击"水平居中对齐"和"垂直居中对齐"按钮即可，如下右图所示。

步骤15 在"时间轴"面板中选择文本图层,将入点设置为00:00:01:00,同时将时间指示器移动到这一秒,创建关键帧,如下左图所示。

步骤16 在"时间轴"面板中将时间指示器移动到第二秒位置,在此处设置关键帧,如下右图所示。

步骤17 在"时间轴"面板中选择文本图层,然后在菜单栏中执行"效果>透视>斜面Alphs"命令,如下左图所示。

步骤18 在"效果控件"面板进行参数设置,如下右图所示。

步骤19 上述操作完成后,可以在合成窗口进行预览,效果如下图所示。

课后练习

1. 填空题

（1）以下哪一项不属于音频特效（　　）。

A. "浮雕"特效

B. "倒放"特效

C. "调制器"特效

D. "低音和高音"特效

（2）以下哪个参数不是贝塞尔曲线变形特效的参数（　　）。

A. 顶点

B. 品质

C. 切点

D. 不透明度

（3）以下哪种特效与"斜面Alpha"特效的成像原理相同（　　）。

A. "投影"特效

B. "边缘斜面"特效

C. "高斯模糊"特效

D. "浮雕"特效

（4）以下哪一项不属于透视特效（　　）。

A. "边缘斜面"特效

B. "镜像阴影"特效

C. "查找边缘"特效

D. "投影"特效

2.填空题

（1）贝塞尔曲线变形的品质可以对图像的边缘和_____的接近程度进行设置。

（2）"投影"特效和"斜面Alpha"特效均是基于_____。

（3）"风格化"特效主要是对图像的_____进行风格化处理。

（4）马赛克中块的数量越多，产生的效果越_____。

（5）高斯模糊可以去除_____。

（6）锐化程度很高时，会使素材产生_____效果。

3. 上机题

根据素材提供的文件，制作出下图所示的风格化特效的效果。

Part 02

综合运用篇

学习了After Effects软件的基础后，下面以案例的形式向读者介绍如何在实际的场景下运用所学知识制作出所需的效果。

Chapter 09　制作电视节目开头　　　　Chapter 10　制作APP宣传广告

Chapter 11　制作影视广告　　　　　　Chapter 12　制作影视特效

Chapter 09 制作电视节目开头

本章概述

为电视节目制作一个好的开头，可以快速地吸引人的眼球。本章将通过具体实例，详细向读者介绍如何制作一个电视节目的开头效果。

核心知识点

❶ 新建项目和导入素材
❷ 关键帧的创建与操作
❸ 使用文本预设
❹ 渲染并导出作品

9.1 创意构思

历史节目是一个很受观众喜爱的节目，在形形色色的历史类节目中，优秀的节目必然有一个优秀的开头。制作好的开头也就成功了一半，本章将运用文本动画预设来完成这一目标。制作完成之后，效果如下图所示。

9.2 制作背景

本节将介绍如何制作一个电视节目开头的背景合成，涉及的知识点包括新建合成、新建纯色图层、蒙版的设置、对齐设置等。

步骤 01 在菜单栏中执行"合成>新建合成"命令，如下左图所示。

步骤 02 在弹出的"合成设置"对话框中设置相关参数，如下右图所示。

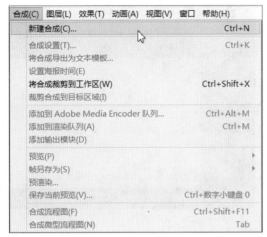 

步骤 03 按Ctrl+I快捷键快速打开"导入文件"对话框，选中需要导入的文件，如下左图所示。

步骤 04 单击"导入"按钮，导入文件并将其拖曳至"时间轴"面板，并设置相关参数，如下右图所示。

步骤 05 在"时间轴"面板的空白处右击，在弹出的快捷菜单中执行"新建>纯色"命令，如下左图所示。

步骤 06 在弹出的"纯色设置"对话框中对参数进行设置，如下右图所示。

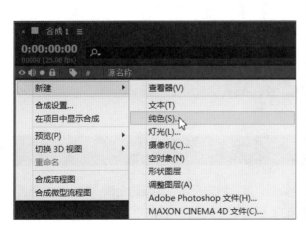 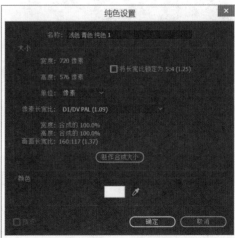

步骤 07 在工具栏中选择圆角矩形工具，在"合成"窗口中绘制圆角矩形，如下左图所示。

步骤 08 在工具栏中选择锚点工具，使新建蒙版的锚点处于新建蒙版中心，如下右图所示。

 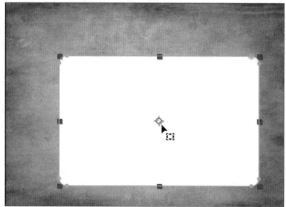

步骤 09 在菜单栏中执行"窗口>对齐"命令，如下左图所示。

步骤 10 在"对齐"面板中，分别单击"水平居中对齐"和"垂直居中对齐"按钮，如下右图所示。

 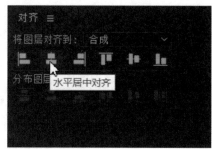

步骤 11 在"时间轴"面板中对新建蒙版进行参数设置，如下左图所示。

步骤 12 上述操作完成之后，在"合成"窗口中进行效果预览，如下右图所示。

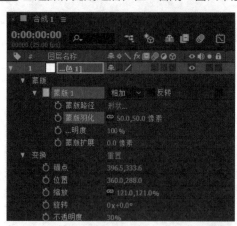 

9.3 制作文字动画

本节将介绍如何制作一个电视节目开头的文字动画，涉及的知识点包括新建合成、新建文本图层、对齐设置、预设动画应用、关键帧的基本操作、图层的复制以及文本图层的修改等。

步骤 01 在菜单栏中执行"合成>新建合成"命令，如下左图所示。

步骤 02 在弹出的"合成设置"对话框中设置相关参数，如下右图所示。

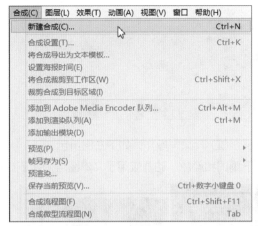

步骤 03 在"时间轴"面板的空白处右击，在弹出的快捷菜单中执行"新建>文本"命令，如下左图所示。

步骤 04 在"合成"窗口中输入"穿越"两个字，并在"字符"面板进行参数设置，如下右图所示。

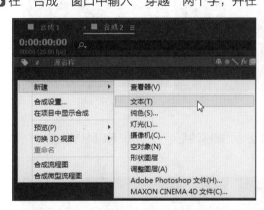

步骤 05 在工具栏中选择锚点工具，使新建蒙版的锚点处于新建蒙版中心，如下左图所示。

步骤 06 在菜单栏中执行"窗口>对齐"命令，如下右图所示。

步骤 07 在"对齐"面板中单击"水平居中对齐"和"垂直居中对齐"按钮，如下左图所示。

步骤 08 在菜单中执行"窗口>效果和预设"，如下右图所示。

步骤 09 在"效果和预设"面板中执行"动画预设>Text>3D Text"操作，如下左图所示。

步骤 10 在"时间轴"面板中选中文本图层，将"3D下雨词和颜色"动画应用于文本图层，如下右图所示。

步骤 11 在"时间轴"面板中查看关键帧，如下左图所示。

步骤 12 按下Ctrl+C快捷键复制第一个关键帧，将时间指示器移动到4秒处，按下Ctrl+V快捷键粘贴关键帧，如下右图所示。

步骤 13 在"时间轴"面板的空白处右击，在弹出的快捷菜单中执行"新建>文本"命令，如下左图所示。

步骤 14 在"合成"窗口中输入"历史的"3个字，如下右图所示。

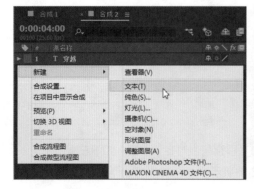

步骤 15 在工具栏中选择锚点工具，使新建的文本图层的锚点处于新建文本图层中心，如下左图所示。

步骤 16 在"对齐"面板中设置新建的蒙版的对齐方式，如下右图所示。

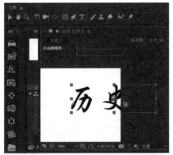 

步骤 17 为"历史的"文本图层应用"3D下雨词和颜色"预设，同时和"穿越"图层一样对关键帧进行复制粘贴操作，如下左图所示。

步骤 18 将"历史的"图层的入点设置为00:00:04:00，如下右图所示。

步骤 19 分别选择"穿越"和"历史的"图层，按Ctrl+D快捷键对图层进行复制3次和1次，并调整图层顺序，如下左图所示。

步骤 20 在"时间轴"面板中选中需要修改的图层，双击后在"合成"窗口中找到被选中的文本即可修改，修改完成后对应图层的名字会随之变化，如下右图所示。

步骤 21 对各个图层的入点进行修改，如下左图所示。

步骤 22 上述操作完成后，在"合成"窗口中进行效果预览，如下右图所示。

9.4　制作成品并导出作品

本节将介绍如何制作一个电视节目开头的最终合成，涉及的知识点包括新建合成、导入文件、导入合成、设置入点等。

步骤 01 在菜单栏中执行"合成>新建合成"命令，如下左图所示。

步骤 02 在弹出的"合成设置"对话框中设置相关参数，如下右图所示。

步骤 03 在菜单栏中执行"文件>导入>文件"命令，如下左图所示。

步骤 04 在弹出的"导入文件"对话框中选择需要的素材，单击"导入"按钮，如下右图所示。

步骤 05 在"项目"面板中将"合成1"、"合成2"和"欢迎收看"拖曳至"时间轴"面板，如下左图所示。

步骤 06 在"时间轴"面板中对图层的顺序进行调整，如下中图所示。

步骤 07 对图层的入点进行设置，将"欢迎收看"图层的入点设置为00:00:24:00，如下右图所示。

步骤 08 上述操作完成之后，在"合成"窗口中进行效果预览，如下左图所示。

步骤 09 选中"合成3"，在菜单栏中执行"文件>导出>添加到渲染队列"命令，如下右图所示。

步骤 10 在"渲染队列"面板中单击"输出模块"按钮，在打开的"输出模块设置"对话框中，对"合成3"进行输出模块的设置，如下左图所示。

步骤 11 在"渲染队列"面板中单击"输出到"按钮，在打开的"将影片输出到"对话框中，将"合成3"进行保存，如下右图所示。

步骤 12 完成上述操作后，在"渲染队列"面板中单击"渲染"按钮，如下左图所示。

步骤 13 渲染完成后，可以在文件夹中看到已经渲染好的作品，如下右图所示。

Chapter 10 制作APP宣传广告

本章概述

本章将带领读者学习制作一个APP宣传广告的操作，通过本章的学习，读者将对形状图层、基础属性的应用、蒙版的使用等知识有更深的了解。

核心知识点

❶ 新建项目和导入素材
❷ 关键帧的创建与操作
❸ 蒙版的使用
❹ 渲染并导出作品

10.1 设计构思

在一个新开发的APP推广宣传中，一个优秀的宣传视频是必不可少的，通过一个视频可以直观地看到APP是如何使用的。本章将会对APP宣传广告视频的背景动画和第一个镜头进行详细讲解，制作的效果如下图所示。

10.2 制作背景动画

本节将向读者介绍如何制作一个宣传广告的背景动画，涉及的知识点包括新建合成、导入素材、基本属性设置、新建形状图层、添加关键帧等。

步骤 01 在菜单栏中执行"合成>新建合成"命令，如下左图所示。

步骤 02 在弹出的"合成设置"对话框中设置相关参数，如下右图所示。

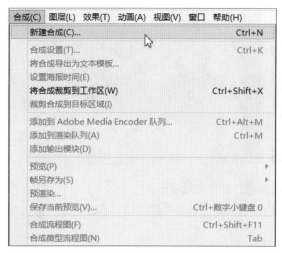
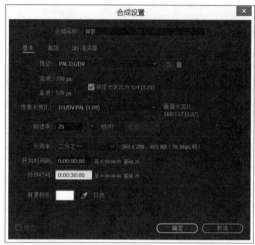

步骤 03 在菜单栏中执行"文件>导入>文件"命令，如下左图所示。

步骤 04 在弹出的"导入文件"对话框中选择需要的素材，单击"导入"按钮，如下右图所示。

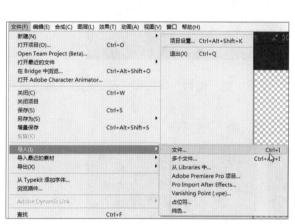
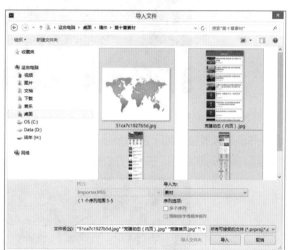

步骤 05 将素材拖曳至"时间轴"面板中并进行参数设置，如下左图所示。

步骤 06 在"时间轴"面板中选中第一个素材，将时间指示器移动到第1秒位置，为"缩放"属性和"不透明度"属性添加关键帧，如下右图所示。

步骤 07 在"时间轴"面板中将时间指示器移动到最开始位置，并对"缩放"属性和"不透明度"属性进行参数设置并添加关键帧，如下左图所示。

步骤 08 在工具栏中选择矩形工具，并在"合成"窗口中绘制形状图层，如下右图所示。

步骤 09 然后在"时间轴"面板中对形状图层进行参数设置，如下左图所示。

步骤 10 在"时间轴"面板中将时间指示器移动到开始位置，为"位置"属性和"不透明度"属性添加关键帧，如下右图所示。

步骤 11 在"时间轴"面板中将时间指示器移动到第一秒位置，对"位置"属性和"不透明度"属性进行设置并添加关键帧，如下左图所示。

步骤 12 复制形状图层，并在"时间轴"面板中进行参数设置，如下右图所示。

步骤 13 在"时间轴"面板上将时间指示器移动到开始位置，为"位置"属性和"不透明度"属性添加关键帧，如下左图所示。

步骤 14 在"时间轴"面板上将时间指示器移动到第一秒位置，对"位置"属性和"不透明度"属性进行设置并添加关键帧，如下右图所示。

步骤15 完成上述操作后，在"合成"窗口中进行预览，如下图所示。

10.3 制作第一个镜头

本节将介绍如何制作第一个镜头，涉及的知识点包括新建合成、新建文本图层、新建形状图层、蒙版的使用、添加关键帧的基本操作等（没有插件的可以直接使用做好的视频素材）。

步骤01 在菜单栏中执行"合成>新建合成"命令，如下左图所示。

步骤02 在弹出的"合成设置"对话框中设置相关参数，如下右图所示。

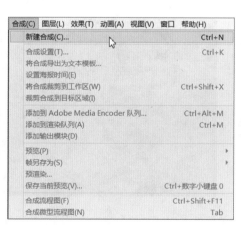 

步骤03 在菜单栏中执行"视图>显示网格"命令，如下左图所示。

步骤04 即可在"合成"窗口中显示网格以便使用钢笔工具绘制形状，如下右图所示。

 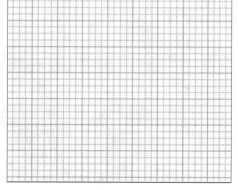

步骤 05 在工具栏中选择钢笔工具，然后在"合成"窗口中绘制形状，如下左图所示。

步骤 06 再次在菜单栏中执行"视图>显示网格"命令，如下右图所示。

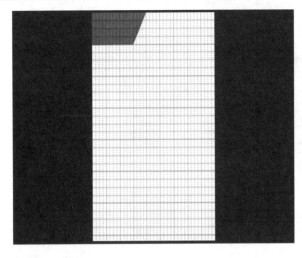

步骤 07 即可取消网格显示，如下左图所示。

步骤 08 在"时间轴"面板上将时间指示器移动到第一秒位置，为"位置"属性添加关键帧，如下右图所示。

步骤 09 在"时间轴"面板上将时间指示器移动到开始位置处，对"位置"属性进行设置并添加关键帧，如下左图所示。

步骤 10 在"时间轴"面板的空白处右击，在弹出的快捷菜单中执行"新建>文本"命令，如下右图所示。

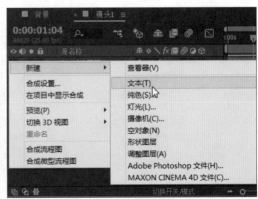

步骤 11 在"合成"窗口中输入文本"展示平台",如下左图所示。

步骤 12 在菜单栏中执行"窗口>字符"命令,如下右图所示。

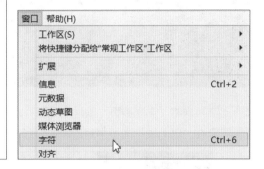

步骤 13 在"字符"面板中对输入的文本进行参数设置,如下左图所示。

步骤 14 在"时间轴"面板中对文本的基础属性进行设置并指定其父级为形状图层,如下右图所示。

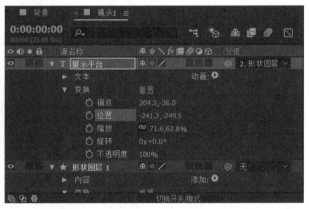

步骤 15 将"党建首页"素材拖曳至"时间轴"面板并进行参数设置,如下左图所示。

步骤 16 在"时间轴"面板上将时间指示器移动到第二秒位置,为下右图所示的属性添加关键帧。

步骤17 在"时间轴"面板中将时间指示器移动到第一秒位置,对下左图所示的属性进行设置并添加关键帧。

步骤18 在"时间轴"面板中将时间指示器移动到开始位置,对下右图所示的属性进行设置并添加关键帧。

 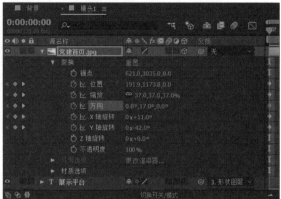

步骤19 再次将"党建首页"素材拖曳至"时间轴"面板中,并使用钢笔工具绘制矢量蒙版,如下左图所示。

步骤20 在"时间轴"面板中对绘制的蒙版进行参数设置,如下右图所示。

 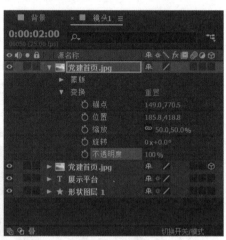

步骤21 在"时间轴"面板上为现有素材设置入点和出点,如下左图所示。

步骤22 在"时间轴"面板中将时间指示器移动到第二秒位置,对"不透明度"属性进行参数设置并添加关键帧,如下右图所示。

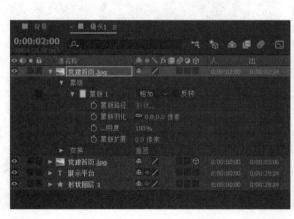 

步骤23 设置蒙版从第二秒处每隔五帧添加一个不透明度值，分别为0%、50%、0%、50%、0%，如下图所示。

步骤24 将"党建专题"素材拖曳至"时间轴"面板，并进行参数设置，如下左图所示。

步骤25 在"时间轴"面板中对"党建专题"素材的入点和出点进行设置，如下右图所示。

步骤26 在"时间轴"面板上将时间指示器移动到第三秒第七帧位置处，为"位置"属性添加关键帧，如下左图所示。

步骤27 在"时间轴"面板上将时间指示器移动到第二秒第二十帧位置处，对"位置"属性进行参数修改并添加关键帧，如下右图所示。

步骤28 选中"党建专题"素材下的所有关键帧，按下F9键，建立缓入缓出关键帧，如下左图所示。

步骤29 上述操作完成之后，在"合成"窗口中进行效果预览，如下右图所示。

10.4 制作成品并导出作品

由于篇幅有限，不能完整地介绍一个APP的宣传广告的制作，只讲解了制作背景动画和第一个镜头，接下来就需要将这两部分结合起来，下面介绍详细操作步骤。

步骤 01 在菜单栏中执行"合成>新建合成"命令，如下左图所示。

步骤 02 在弹出的"合成设置"对话框中设置相关参数，如下右图所示。

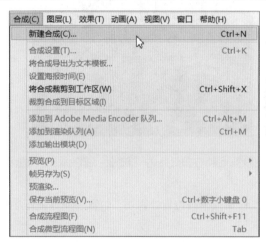
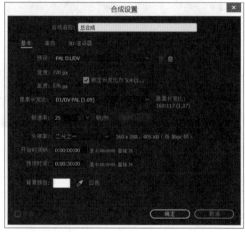

步骤 03 将之前做好的两个合成拖曳至"时间轴"面板，如下左图所示。

步骤 04 完成上述操作后，在"合成"窗口中进行预览，如下右图所示。

步骤 05 选中"合成3",在菜单栏中执行"文件>导出>添加到渲染队列"命令,如下左图所示。

步骤 06 在"渲染队列"面板中单击"输出模块"按钮,在打开的"输出模块设置"对话框中进行输出模块的设置,如下右图所示。

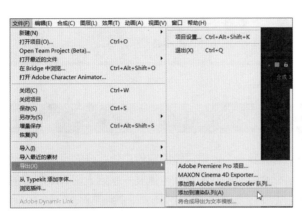

步骤 07 完成上述操作后,在"渲染队列"面板中单击"渲染"按钮,如下左图所示。

步骤 08 渲染完成后,即可在播放器中播放,如下右图所示。

步骤 09 同时不要忘记保存项目,在菜单栏中执行"文件>保存"命令,如下左图所示。

步骤 10 在弹出的"另存为"对话框中选择文件保存路径,单击"保存"按钮即可,如下右图所示。

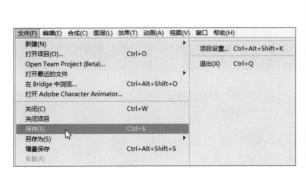

Chapter 11 制作影视广告

本章概述

本章将带领用户学习制作影视宣传广告的操作方法，涉及的知识点包括新建纯色图层、文本图层等，同时也会具体地学习如何使用外挂插件。

核心知识点

① 导入素材
② 新建纯色图层
③ 使用外挂插件
④ 渲染并导出视频

11.1 设计构思

一部优秀的影片除了需要影片本身出众外，也需要一个效果很棒的宣传广告，好的宣传广告是成功的一半，在宣传广告的设计制作中，除了需要用到影片中的一些场景，也需要一些给人留下深刻印象的视觉效果，本章制作的影视宣传广告的效果如下图所示。

11.2 制作背景

本节将介绍如何制作一个影视广告的背景合成，涉及的知识点包括新建合成、新建纯色图层、颜色校正等。

步骤 01 在菜单栏中执行"合成>新建合成"命令，如下左图所示。

步骤 02 在弹出的"合成设置"对话框中设置相关参数，如下右图所示。

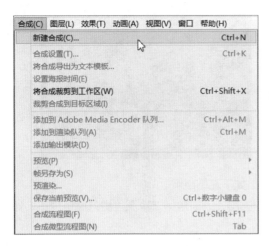

步骤 03 在菜单栏中执行"文件>导入>文件"命令，如下左图所示。

步骤 04 在弹出的"导入文件"对话框中选择需要的素材，单击"导入"按钮，如下右图所示。

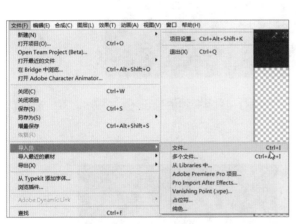

步骤 05 将素材拖曳至"时间轴"面板并进行参数设置，如下左图所示。

步骤 06 在"时间轴"面板中选中第一个素材，在菜单栏中执行"效果>颜色校正>亮度和对比度"命令，如下右图所示。

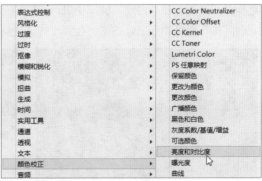

步骤 07 在菜单栏中执行"窗口>效果控件"命令，如下左图所示。

步骤 08 在"效果控件"面板进行参数设置，如下右图所示。

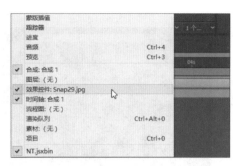
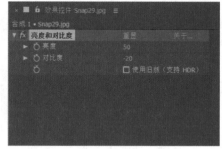

步骤 09 上述操作完成后，在"合成"窗口中进行预览，如下左图所示。

步骤 10 在"时间轴"面板单击眼睛图标，隐藏第一个图层，以便对第二个图层进行颜色校正，如下右图所示。

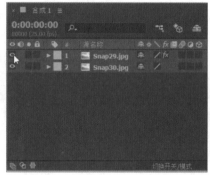

步骤 11 在"时间轴"面板中选中第二个素材，在菜单栏中执行"效果>颜色校正>亮度和对比度"命令，如下左图所示。

步骤 12 在"效果控件"面板中进行参数设置，如下右图所示。

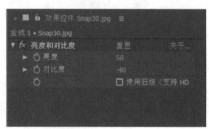

步骤 13 上述操作完成后，在"合成"窗口中进行效果预览，如下左图所示。

步骤 14 在"时间轴"面板的空白处右击，在弹出的快捷菜单中执行"新建>纯色"命令，如下右图所示。

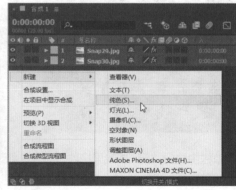

步骤 15 在"纯色设置"对话框中进行参数设置，如下左图所示。

步骤 16 在"时间轴"面板中将时间指示器移动到开始位置，为纯色图层的不透明度创建第一个关键帧，如下右图所示。

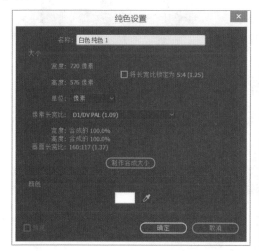

步骤 17 在"时间轴"面板中将时间指示器移动到第二秒位置，对纯色图层的不透明度创建第二个关键帧，如下左图所示。

步骤 18 在"时间轴"面板中选择第二个图层，将时间指示器移动到第三秒位置，将"不透明度"属性参数设置为100%，如下右图所示。

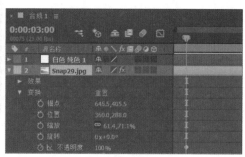

步骤 19 在"时间轴"面板中选择第二个图层，将时间指示器移动到第四秒位置，将"不透明度"属性参数设置为0%，如下左图所示。

步骤 20 在"时间轴"面板的下右图所示位置将三个图层对入点进行修改。

步骤 21 上述操作完成后，在"合成"窗口中进行效果预览，如下图所示。

11.3　制作文字动画

本节将介绍如何制作一个影视广告文字动画，涉及的知识点包括新建合成、新建文本图层、对齐设置、应用插件（没有插件的可以直接使用做好的视频素材）、关键帧的基本操作等。

步骤 01 在菜单栏中执行"合成>新建合成"命令，如下左图所示。

步骤 02 在弹出的"合成设置"对话框中设置相应参数，如下右图所示。

步骤 03 在"时间轴"面板的空白处右击，在弹出的快捷菜单中执行"新建>文本"命令，如下左图所示。

步骤 04 在"合成"窗口中输入"暮狼归乡"4个字，并在"字符"面板进行参数设置，如下右图所示。

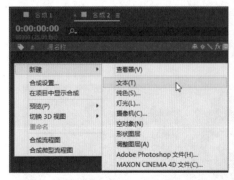

步骤 05 在工具栏中选择锚点工具，使新建的文本图层的锚点处于新建文本图层中心，如下左图所示。

步骤 06 在菜单栏中执行"窗口>对齐"命令，如下中图所示。

步骤 07 在"对齐"面板中对新建的文本图层进行对齐，如下右图所示。

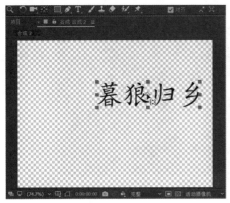

步骤 08 在"时间轴"面板的空白处右击，在弹出的快捷菜单中执行"新建>纯色"命令，如下左图所示。

步骤 09 在弹出的"纯色设置"对话框中进行参数设置，如下中图所示。

步骤 10 在菜单中执行"窗口>效果和预设"命令，如下右图所示。

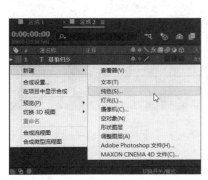

步骤 11 在弹出的"效果和预设"面板的搜索栏中输入Element，如下左图所示。

步骤 12 在"时间轴"面板中选中文本图层，将Element特效应用于纯色图层，如下右图所示。

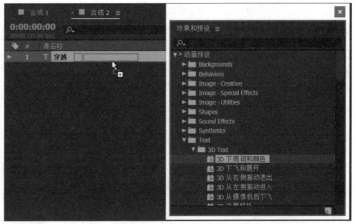

步骤 13 在"效果控件"面板进行参数设置，如下左图所示。

步骤 14 单击Since Setup按钮进入插件界面，如下右图所示。

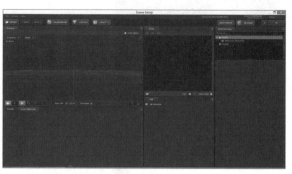

步骤 15 单击EXTRUDE按钮，出现立体文字，如下左图所示。

步骤 16 单击右上角的OK按钮完成对3D文字的创建，如下右图所示。

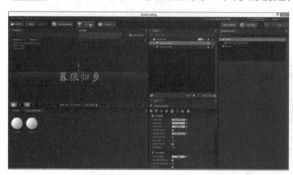
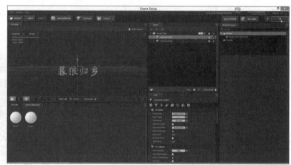

步骤 17 在"时间轴"面板中将时间指示器移动到最开始位置，在"效果控件"面板中创建关键帧并进行参数设置，如下左图所示。

步骤 18 在"时间轴"面板中将时间指示器移动到第二秒位置，在"效果控件"面板中创建关键帧并进行参数设置，如下中图所示。

步骤 19 在"时间轴"面板中选择两个图层，按Ctrl+D快捷键对两个图层进行复制，并对图层的顺序进行调整，如下右图所示。

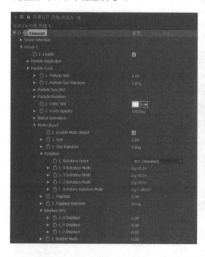

步骤 20 在"时间轴"面板中选中第二个图层，双击后在"合成"窗口将文字修改为"殊死一战"，如下左图所示。

步骤 21 在"时间轴"面板中选中第一个图层，在"效果控件"面板中设置相关参数，如下右图所示。

步骤 22 在"时间轴"面板中对四个图层的入点和出点进行设置，如下左图所示。

步骤 23 上述操作完成后，在"合成"窗口中进行预览，如下右图所示。

11.4　制作成品并导出作品

　　下面对制作的影视广告的最终合成进行成品导出操作，涉及的知识点包括新建合成、导出文件、输出模块设置、渲染等。

步骤 01 在菜单栏中执行"合成>新建合成"命令，如下左图所示。

步骤 02 在弹出的"合成设置"对话框中设置相应参数，具体参数如下中图所示。

步骤 03 将之前制作的两个合成拖曳至"时间轴"面板，如下右图所示。

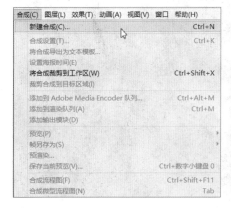

步骤 04 完成上述操作后，在"合成"窗口中进行预览，如下左图所示。

步骤 05 选中"合成3"，在菜单栏中执行"文件>导出>添加到渲染队列"命令，如下右图所示。

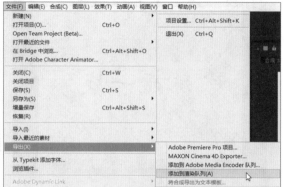

步骤 06 在打开的"输出模块设置"对话框中，对"合成3"进行输出模块的设置，如下左图所示。

步骤 07 在打开的"将影片输出到"对话框中，对"合成3"进行保存，如下右图所示。

步骤 08 完成上述操作之后，在"渲染队列"面板中单击"渲染"按钮，如下左图所示。

步骤 09 渲染完成后，即可在播放器进行播放，如下右图所示。

Chapter 12 制作影视特效

本章概述

在影视作品中，由于受到现实的限制，是不可能使用真正的枪支的，须依靠逼真的模型和仿真运动来达到所需的效果。本章将向读者介绍如何制作出枪火的特效。

核心知识点

❶ 新建项目和导入素材
❷ 关键帧的创建与操作
❸ 蒙版的创建和使用
❹ 渲染并导出作品

12.1 创意构思

枪火的特效包括枪口的火焰制作和枪身的运动，以及子弹和子弹壳的抛出，本章将详细地介绍枪火特效的制作过程，效果如下图所示。

12.2 制作手枪枪口火焰

制作枪口火焰时，需要知道枪支在发射子弹瞬间产生的火焰及其相应的运动轨迹和运动时间。本节将对如何制作枪口火焰进行详细地讲解。

步骤 01 在菜单栏中执行"合成>新建合成"命令，如下左图所示。

步骤 02 在弹出的"合成设置"对话框中设置相应参数，如下右图所示。

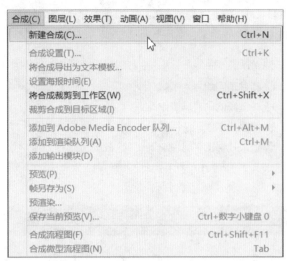

步骤 03 在菜单栏中执行"文件>导入>文件"命令，如下左图所示。

步骤 04 在弹出的"导入文件"对话框中选择需要的素材，单击"导入"按钮，如下右图所示。

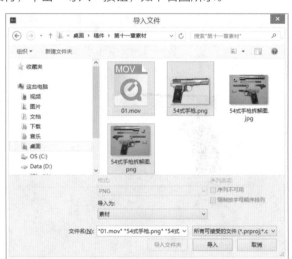

步骤 05 将素材拖曳至"时间轴"面板并进行参数设置，如下左图所示。

步骤 06 在"时间轴"面板中将时间指示器移动到最开始位置，对"旋转"属性设置关键帧，如下右图所示。

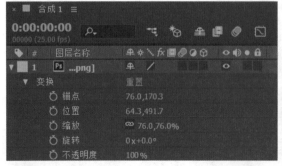

步骤 07 在"时间轴"面板中将时间指示器移动到第10帧位置，对"旋转"属性设置关键帧，如下左图所示。

步骤 08 在"时间轴"面板中将时间指示器移动到第15帧位置，对"旋转"属性设置关键帧，如下右图所示。

步骤 09 将素材01.mov拖曳至"时间轴"面板并进行参数设置，如下左图所示。

步骤 10 上述操作完成后，在"合成"窗口中进行效果预览，如下右图所示。

12.3 制作手枪枪身动画

枪身动画包括枪支枪管的突出和枪机的后退，本节将制作这两部分的动画效果。下面详细介绍具体操作方法。

步骤 01 在"时间轴"面板中选中"54式手枪"图层，按Ctrl+D快捷键复制素材，如下左图所示。

步骤 02 在"项目"面板中将"54式手枪拆解图"素材拖曳至"时间轴"面板，如下右图所示。

步骤 03 在工具栏中选择钢笔工具，分别从两幅图中抠出枪机和枪管，并使用移动工具暂时移动到不同的位置，如下左图所示。

步骤 04 同时选中两个图层，对两个图层的入点和出点进行同步设置，如下右图所示。

步骤 05 在"时间轴"面板上将时间指示器移动到第五帧位置,对"54式手枪"图层进行调整,具体参数如下左图所示。

步骤 06 在此处对"旋转"和"位置"属性设置关键帧,并将时间指示器移动到第7帧位置,同样对"旋转"和"位置"属性进行参数设置,如下右图所示。

步骤 07 在"时间轴"面板上将时间指示器移动到第五帧位置,对"枪管"图层进行调整,具体参数如下左图所示。

步骤 08 对"旋转"和"位置"属性设置关键帧,并将时间指示器移动到第7帧位置,同样对"旋转"和"位置"属性进行参数设置,如下右图所示。

步骤 09 在"时间轴"面板的空白处右击,在弹出的快捷菜单中执行"新建>纯色"命令,如下左图所示。

步骤 10 在弹出的"纯色图层"对话框中进行参数设置,如下右图所示。

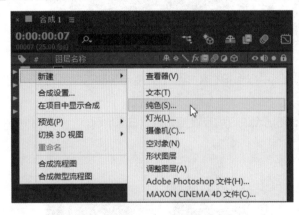 

步骤 11 在"时间轴"面板中选中纯色图层,对固态层的持续时间、入点和出点进行参数设置,如下左图所示。

步骤 12 在"时间轴"面板中将时间指示器移动到第五帧位置,隐藏固态层、枪管和枪击图层。选中固态层,在工具栏中选择钢笔工具,抠出第五帧原图层的枪机,如下右图所示。

步骤13 将时间指示器移动到下一帧，绘制第二个蒙版，然后再移动到下一帧，绘制第三个蒙版，如下左图所示。

步骤14 取消隐藏其他图层，在"合成"窗口中进行效果预览，如下右图所示。

12.4 制作弹头和弹壳动画

本节将介绍制作子弹壳和子弹头动画的操作方法，涉及的知识点包括新建合成、导入文件、导入合成、设置入点等。

步骤01 按Ctrl+I快捷键快速打开"导入文件"对话框，并导入文件，如下左图所示。

步骤02 在"项目"面板中将"子弹头"拖曳至"时间轴"面板并进行参数设置，如下右图所示。

步骤03 在"时间轴"面板中将"子弹头"素材的入点和持续时间进行修改，如下左图所示。

步骤04 在"时间轴"面板上将时间指示器移动到第2帧的位置，对"子弹头"素材的"位置"属性设置关键帧，如下右图所示。

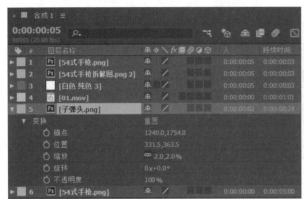 

步骤05 在"时间轴"面板上将时间指示器移动到第7帧的位置,对"子弹头"素材的"位置"属性设置关键帧,如下左图所示。

步骤06 在"项目"面板中将"子弹壳"素材拖曳至"时间轴"面板中,并进行参数设置,如下右图所示。

 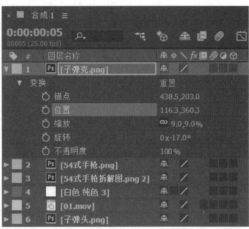

步骤07 在"时间轴"面板中将"子弹壳"素材的入点和持续时间进行修改,如下左图所示。

步骤08 在"时间轴"面板中将时间指示器移动到第5帧的位置,并对"子弹壳"素材的"位置"属性和"旋转"属性设置关键帧,如下右图所示。

步骤09 将时间指示器移动到下一帧,对"位置"属性和"旋转"属性进行参数设置,如下左图所示。

步骤10 将时间指示器移动到下一帧,对"位置"属性和"旋转"属性进行参数设置,如下右图所示。

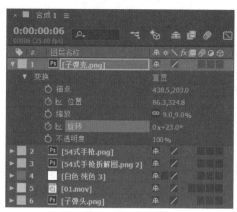

步骤 11 将时间指示器移动到下一帧，对"位置"属性和"旋转"属性进行参数设置，如下左图所示。

步骤 12 上述操作完成后，在"合成"窗口中进行效果预览，如下右图所示。

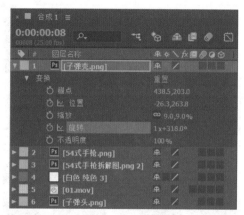

步骤 13 按Ctrl+N快捷键，在打开的"合成设置"对话框中快速新建一个合成，如下左图所示。

步骤 14 将之前新建的"合成1"拖曳至"时间轴"面板，并对持续时间进行修改，如下右图所示。

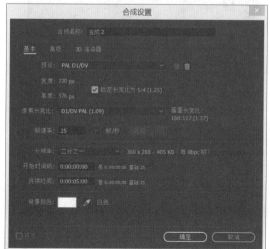

步骤 15 按Ctrl+D快捷键，复制粘贴图层7次并对入点和持续时间进行修改，如下左图所示。

步骤 16 上述操作完成后，制作完成八连发的手枪效果，按Ctrl+S快捷键，对项目进行保存，如下右图所示。

步骤17 选择"合成2"，按Ctrl+M快捷键，快速打开"渲染队列"面板，如下左图所示。

步骤18 在"输出模块设置"对话框中对输出视频格式进行设置，如下右图所示。

步骤19 在"将影片输出到"对话框中对输出后的位置以及名字进行修改，如下左图所示。

步骤20 在"渲染队列"面板中单击"渲染"按钮，渲染完成后便可在视频播放器中查看效果，如下右图所示。